FACHWISSEN FEUERWEHR

de Vries

SCHAUMMITTEL-ZUMISCHER

Technik und Betrieb

Bibliografische Informationen der deutschen Nationalbibliothek

Die Deutsche Nationalbibliothek verzeichnet diese Publikation in der Deutschen Nationalbibliografie; detaillierte bibliografische Daten sind im Internet über http://www.dnb.de abrufbar.

Bei der Herstellung des Werkes haben wir uns zukunftsbewusst für umweltverträgliche und wiederverwertbare Materialien entschieden. Der Inhalt ist auf chlorfrei gebleichtes Papier gedruckt.

Nachweis der Titelillustrationen: Dr.-Ing. Holger de Vries unter Verwendung einer Grafik der Fa. MSR Dosiertechnik; mit freundlicher Genehmigung
Nachweis der Bilder im Innenteil: Dr.-Ing. Holger de Vries, wenn nicht anders angegeben

Art-Director und künstlerische Gesamtleitung: Dr.-Ing. Holger de Vries

ISBN 978-3-609-69427-6

E-Mail: kundenservice@ecomed-storck.de

Telefon: 089/2183–7922
Telefax: 089/2183–7620

www.ecomed-storck.de

Satz: Fotosatz Pfeifer, 82152 Krailling
Druck: Westermann Druck, Zwickau

Vorwort

Schaum ist bei den Feuerwehren seit über 100 Jahren bekannt [1; 2; 3; 4]. Die Entwicklung von chemisch erzeugtem Schaum (mit Kohlendioxid als Füllgas) und mechanisch erzeugtem Luftschaum verlief bis in die 1930er-Jahre parallel. Wegen der hohen Kosten für die erforderlichen Chemikalien und der im Vergleich zum mechanischen Schaum größeren Menge an Schaumbildner wurde chemischer Schaum seit Ende der 1930er-Jahre in Deutschland immer weniger eingesetzt [5; 6; 7]. 1932 wurde in Deutschland das Luftschaumrohr („Kometrohr") [8] patentiert, das zum noch heute verwendeten Luftschaumrohr weiterentwickelt wurde. Interessant ist, dass die Schaumrohre der Marke „Pyrene" in den USA und in Großbritannien baugleich mit den Komet-Rohren waren. 1936 folgte die Produktion der auf diese Luftschaumrohre abgestimmten „Komet"-Zumischer für 1,5 % Zumischung in den Größen C und B, ab 1943 der „Einheitszumischer 43" für 3,5 % Zumischung.

Parallel dazu wurden in den 1930er-Jahren von verschiedenen Herstellern insgesamt ca. 1.150 „Luftschaumpumpen" als Vorbaupumpen für Feuerwehrfahrzeuge oder als tragbare Geräte hergestellt. Diese Luftschaumpumpen bestanden aus Feuerlöschkreiselpumpen mit Schaummittelvormischung und i.d.R. Kapselschieberpumpen zur Luftlieferung sowie „Schaumveredlern", in denen das Wasser-Schaummittel-Gemisch verschäumt wurde, so dass ab Pumpenausgang fertiger Schaum zur Verfügung stand [vgl. 9]. Zudem fertigte die Fa. Flader, Jöhstadt/Sachsen von 1935 bis 1944 ca. 1.250 Druckluft-Schaumaggregate vom Typ „Lok" in unterschiedlichen Ausführungen: Diese Geräte wurden an den Feuerlöschstutzen von Dampfloks und an ihre Druckluftbremsanlage (Betriebsdruck 8 bar) angeschlossen [10]. Der Schaum wurde mit einer C-Leitung zum Brandherd gefördert, die Verschäumung lag zwischen 15 und 25 [11]. Druckluftschaum ist nach wie vor die komplexeste und teuerste Variante der Schwerschaumerzeugung.

Hans Brunswig schreibt 1973: „*Besonders beachtet wurde 1935 der Einbau von 6 kombinierten Wasser-Luftschaumpumpen [als Vorbaupumpen] – Bauart Amag-Hilpert – in die sechs neuen Drehleitern [Metz DL 28+2] der Dres-*

dener Berufsfeuerwehr mit der Wasserförderung von je 1.000 L/min bei 9 [bar] oder 1.500 L/min Luftschaum. Die gleichzeitig gelieferten neun Löschgruppenfahrzeuge mit Amag-Hilpert Vorbaupumpen mit 2.400 L/min bei 6 (bar] hatten Vormischer für das Komet-Luftschaumverfahren. Diese duale Ausstattung spiegelt gut die Unsicherheit in Feuerwehrkreisen über das bestgeeignete Verfahren zur Zeit der Auftragserteilung – 1934 – wider. Bei der Lieferung ein Jahr später waren aber die Würfel zumindest in Dresden bereits für das Komet-Luftschaumverfahren gefallen.“ [12; 13; 14; 15]

Die beschriebene Unsicherheit in Feuerwehrkreisen ist geblieben, seit in den 1990er-Jahren auch Fahrzeuge kommunaler Feuerwehren mit komplexen Zumisch- und Schaumanlagen ausgestattet werden. Dies insbesondere, um Zumischraten von kleiner als 1 Prozent darstellen zu können. Eine Normung dieser Anlagen wurde erforderlich, um sicherheits- und betriebstechnische Mindestanforderungen an diese Anlagen festzulegen (DIN 14430 bzw. DIN EN 16327). Eins ist über die Jahrzehnte geblieben: Alle technischen Ausführungen der Schaummittelzumischung funktionieren dann am besten, wenn sie mit einem möglichst konstantem Volumenstrom betrieben werden.

Die mögliche Ausstattung von Fahrzeugen mit komplexen Zumisch- und Schaumanlagen wird bei fast jeder Feuerwehr- bzw. Brandschutzbedarfsplanung thematisiert. Daher beginnt dieser Band mit der Betrachtung einer „durchschnittlichen Beispielgemeinde“, bevor die technisch-physikalischen Grundlagen und die Ausführungen von Zumischanlagen erläutert werden. Wie auch schon in anderen Broschüren dieser Reihe dargestellt, wird die Leistungsfähigkeit der Z-Zumischer weit unterschätzt.

Der Verfasser dankt insbesondere den Mitgliedern der FF Hamburg-Stellingen F1931, FF Hooksiel, FF Seesen (Harz), den Mitarbeitern des Einsatzausbildungszentrums Schadenabwehr der Marine in Neustadt/Holstein, den Werkfeuerwehren der NWO Wilhelmshaven und der Crown Foodcan Germany GmbH, der Kreisfeuerwehrzentrale Stormarn, der Fa. Feumotech AG aus CH-4565 Recherswil und den Herstellern von Schläuchen und Armaturen, die meine Arbeit unterstützen.

Hamburg, im November 2019 — Dr.-Ing. Holger de Vries

Inhalt

Zur Vertiefung des Themas wird empfohlen: de Vries, Holger: „Einsatzpraxis: Brandbekämpfung mit Wasser und Schaum – Technik und Taktik“, ecomed, Landsberg, 3. Auflage.

1 Beschaffung von Zumischtechnik und strategische Planung

Die Beschaffung von Schaummitteln und Zumischtechnik bedingen sich gegenseitig und es ist keine rein technische Entscheidung, da sie die gesamten Arbeitsweisen und -möglichkeiten der Brandbekämpfung beeinflussen. Daher ist grundsätzlich folgende Frage zu beantworten:

Welches Ziel soll durch diese Maßnahmen erreicht werden?

Somit ist die Formulierung von Spezifikationen für die Zumischtechnik (z.B. im Rahmen einer Fahrzeugausschreibung) einer der letzten Schritte vor ihrer Beschaffung – und liegt insgesamt betrachtet nur etwa in der Mitte der Umsetzung eines Gesamtprozesses. In früheren Veröffentlichungen hat der Verfasser bereits Beispiele für entsprechende Konzepte dargestellt: In [1] wird ein Beispiel für eine landesweite Schaummittellogistik dargestellt. In [2] wurde das Schaummittelkonzept der Feuerwehr Düsseldorf (ca. 620.000 Einwohner auf 220 km^2), seinerzeit noch mit AFFF und Class-A-Foam auf den Löschgruppenfahrzeugen, erläutert [3]. Diese Beispiele sind etwas „zu groß“ für die kommunale Ebene.

In Abbildung 1 ist zu erkennen, dass ca. 50 % Städte und Gemeinden weniger als 2.000 Einwohner und ca. 90 % weniger als 10.000 Einwohner haben. Innerhalb dieser Städte und Gemeinden können sich die Einwohner auf 10, 20, 30 oder mehr Siedlungsstandorte verteilen. Wenn in diesen Siedlungsstandorten Freiwillige Feuerwehren bestehen, so werden sie mit Löschfahrzeugen ausgestattet sein, die üblicherweise nach Norm weniger als 120 Liter Schaummittel in tragbaren Schaummittelbehältern mitführen (vgl. Abbildung 3). Durch Ausbau und Neuansiedelung von Gewerbegebieten mit Betrieben, (Groß-)Märkten und Logistikzentren auch „auf der grünen Wiese“ und unter Berücksichtigung des Straßentransports Gefährlicher Stoffe (insbesondere von Brennbaren Flüssigkeiten, davon v.a. Ottokraftstoff, Diesel und Heizöl) ist aber auch in diesen Gebieten mit Schadenereignissen zu rechnen, die einen hohen Schaummittelaufwand erfordern können.

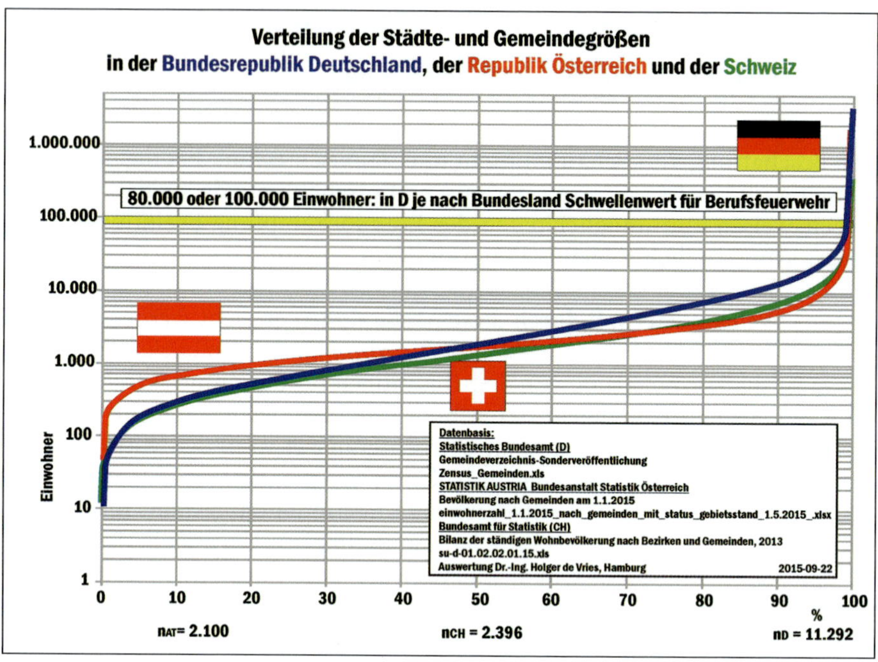

Abbildung 1: Verteilung der Städte- und Gemeindegrößen in der Bundesrepublik Deutschland, der Republik Österreich und der Schweiz

Die Daten der nachfolgenden Betrachtung sind fiktiv, beruhen aber auf der realen Datenbasis einer Auswahl passender Städte und Gemeinden aus ca. 50 vom Verfasser erstellten Brandschutzbedarfsplänen. Es werden folgende Kriterien überprüft:

- Struktur und Ausstattung der Feuerwehr
- Aktuelle Leistungsfähigkeit hinsichtlich des Schaumeinsatzes
- Reales Einsatzgeschehen und Einsatzbeteiligungen der Standorte bzw. Fahrzeuge
- Wirtschaftlichkeitsbetrachtung

Als Beispiel sei eine „typische" Stadt oder Gemeinde mit ca. 10.000 Einwohnern gewählt. Von den Einwohnern leben 5.000 im zentralen Ort, die ver-

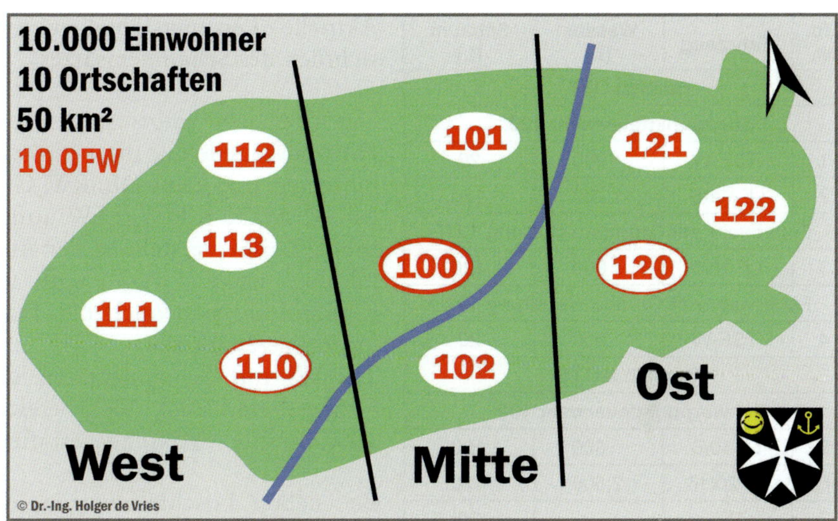

Abbildung 2: Dislozierung der Feuerwehrstandorte

bleibenden 5.000 verteilen sich auf weitere 9 Ortschaften. Bei einer Gesamtfläche von 50 km² entspricht dies einer durchschnittlichen Einwohnerdichte von 200 E/km². Etwa 10 % des Gebietes sind als „Siedlungs- und Verkehrsfläche" eingestuft, an den restlichen 90 % Fläche haben Landwirtschaft und Wälder mit jeweils 40 % den größten Anteil.

Struktur und Ausstattung der Feuerwehr

Die Feuerwehr unterhält 10 Standorte, wobei es bei dieser Stadt- oder Gemeindegröße durchaus auch nur 1, 2 oder 30 Standorte geben kann. Zur Beschreibung der Leistungsfähigkeit und Ausstattung von Feuerwehrstandorten werden in den Bundesländern unterschiedliche Begriffe definiert. Hier werden die Begriffe „Feuerwehr mit Grundausstattung", „Stützpunktfeuerwehr" und „Schwerpunktfeuerwehr" im Sinne der niedersächsischen Feuerwehrverordnung – FwVO [4] verwendet. Abbildung 2 zeigt die Verteilung der Standorte im Gemeindegebiet und ihre taktische Zuordnung zu den Bereichen West, Mitte und Ost. Diese findet sich auch in Tabelle 1 wieder, in der die Fahrzeuge und die von ihnen mitgeführten Wasser- und Schaummittelmengen aufgeführt sind.

Lfd. Nr.	Fahrzeug	Wasser [L]	Schaum [L]
Bereich OST			
Stützpunktfeuerwehr 120			
1	TSF-W	900	20
2	LF-KatS	1.200	120
Feuerwehr mit Grundausstattung 121			
3	LF 10/6	800	120
Feuerwehr mit Grundausstattung 122			
4	TSF-W	900	20
Bereich MITTE			
Schwerpunktfeuerwehr 100			
5	LF 10/6	800	120
6	LF 20/16	2.500	120
7	TSF		20
Feuerwehr mit Grundausstattung 101			
8	TSF-W	500	20
Feuerwehr mit Grundausstattung 102			
9	TSF-W	750	20
Bereich WEST			
Stützpunktfeuerwehr 110			
10	LF 16	800	120
11	TLF 3000	3.000	240
Feuerwehr mit Grundausstattung 111			
12	LF 10/6	800	120
Feuerwehr mit Grundausstattung 112			
13	TSF-W	900	20
Feuerwehr mit Grundausstattung 113			
14	TSF-W	900	20
Summe			
		14.750	1.080

Tabelle 1: Fahrzeugtabelle

Aktuelle Leistungsfähigkeit hinsichtlich des Schaumeinsatzes

Der Übersicht halber sind in der Fahrzeugtabelle nur die 14 Löschfahrzeuge und keine DL, RW, GW, MTW, MZF, KdoW, ELW aufgeführt. Zur Sicherstellung der Ausbildung nach FwDV und für Kleinbrände sind auch die Tragkraftspritzenfahrzeuge (TSF und TSF-W) mit Schaumgeräten der Größe 4 und 20 L Mehrbereichschaummittel (MBS) ausgestattet.

Bei sieben Löschfahrzeugen, die mit Schaumgeräten der Größe 4 und MBS (jeweils 120 L, außer beim TLF mit 240 L) ausgestattet sind, kann bei 3 % Zumischung nach der Formel

400 L/min x 3 % = 12 L/min

jeweils 10 Minuten lang Wasser-Schaummittel-Gemisch abgegeben werden und somit insgesamt

7 x 4.000 L = 28.000 L = 28 m³

Wasser-Schaummittel-Gemisch erzeugt werden.

Mit Schwerschaumrohren ergibt dies bei der Verschäumungszahl 10 etwa 280 m³ Schaum, mit Mittelschaumrohren (VZ 50) etwa 1.400 m³ Schaum. Mit dem vorhandenen Schaummittelvorrat und der vorhandenen Löschtechnik kann somit z.B. eine Industriehalle mit einer Grundfläche von 1.600 m² (vgl. Industriebaurichtlinie) eingeschäumt werden.

Bei Verwendung von Zumischern neuer Bauart nach DIN EN 16712–1 (ab 2015) oder Dosiereinrichtungen (Reduzierventilen) auf vorhandenen Z-Zumischern nach DIN 14348 (bis 2015) kann z.B. zur Verwendung gegen Feststoffbrände (Klasse A) eine Zumischrate von 0,3 % statt 3 % dargestellt werden. Bei der Bekämpfung von Feststoffbränden ist lediglich eine extensive Schaummittelversorgung erforderlich (siehe Kap. 2.1). Somit ergibt eine zehnfache Standzeit der Fahrzeuge und eine zehnfache Menge des Wasser-Schaummittel-Gemischs für die Verwendung als Netzwasser oder als Schaum, je nach Löschmittelauswurfvorrichtung (LAV).

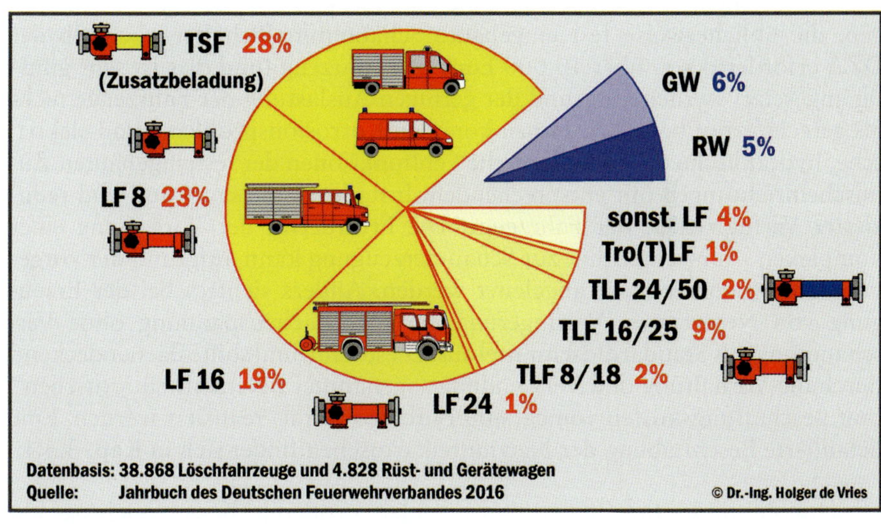

Abbildung 3: Normausstattung deutscher Feuerwehr-Fahrzeuge mit Zumischtechnik

Reales Einsatzgeschehen und Einsatzbeteiligungen der Standorte bzw. Fahrzeuge

Pro Jahr bedient die Feuerwehr insgesamt 150 Einsätze, davon 30 Brandeinsätze und 120 Technische Hilfeleistungen oder sonstige Einsätze. Die 30 Brandeinsätze verteilen sich auf 26 Klein-, 3 Mittelbrände und einen Großbrand. Etwa die Hälfte der Brandereignisse entfällt auf den zentralen Ort, die restlichen 15 Einsätze verteilen sich auf die 9 umliegenden Ortschaften. Aufgrund der Alarm- und Ausrückordnung und zur Sicherstellung der Alarmsicherheit (insbesondere tagsüber), kann davon ausgegangen werden, dass zu den Klein- und Mittelbrandereignissen jeweils alle 3 Standorte eines Bereichs (West, Mitte oder Ost) alarmiert werden. Im Umkehrschluss sind ca. $^{2}/_{3}$ der 14 Löschfahrzeuge jeweils nicht einsatzbeteiligt.

Wirtschaftlichkeitsbetrachtung

Die Mindestkosten für festeingebaute Zumischtechnik (Druckzumischanlagen, die üblicherweise fest eingebaute Schaummittelbehälter oberhalb der DZA erfordern) von über 10.000 Euro pro Fahrzeug (und dies ist sehr günstig angesetzt) werden aufgrund der geringen Auslastung der Fahrzeuge nicht als gerechtfertigt bewertet. Hinzu kommen Korrosionsprobleme und elektrische, hydraulische oder mechanische Fehlfunktionen der festeingebauten Zumischeinrichtungen mit entsprechendem Instandsetzungsaufwand und reduzierter Verfügbarkeit der Fahrzeuge. Die Erfordernis der Vorhaltung einer komplexen Zumischtechnik zur Schaumerzeugung kann aufgrund der vorgenannten Parameter nicht abgeleitet werden. Anders sieht es bei der Erzeugung von Netzwasser (Verringerung der Oberflächenspannung ohne Verschäumung) als Standardlöschmittel aus. Diese kann und sollte flächendeckend durch die Vorhaltung und Verwendung sogenannter „Netzmittelkartuschen" (mit Beschaffungskosten von ca. 600 Euro pro Gerät) realisiert werden. Eine detaillierte Beschreibung der Netzmittelkartuschen findet sich in Kap. 3.3.1.

Gleichwohl muss für die zu erwartenden größeren Brandereignisse ein schnell verfügbarer größerer Schaummittelvorrat zur Verfügung stehen. Dieser sollte möglichst interkommunal bzw. überregional sichergestellt werden.

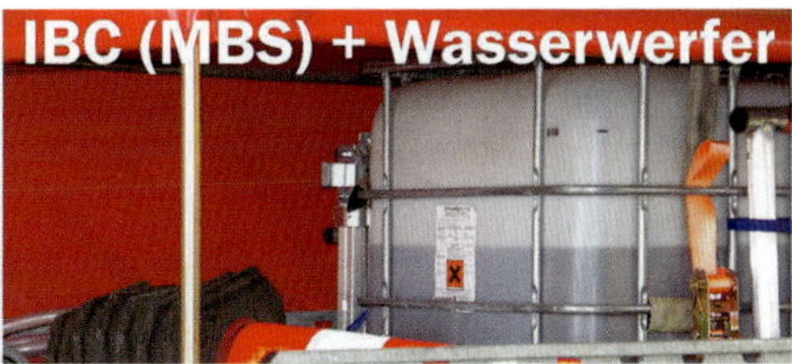

Abbildung 4: Wenn es etwas mehr sein darf: IBC mit MBS und 2-B-Werfer (12.000 Einwohner, 200 km^2 (60 E/km^2); 11 Feuerwehrstandorte; 220 FA; ca. 60 Brände/Jahr), vgl. auch Abb. 36 und Abb. 37.

Abbildung 5: Entspanntes Arbeiten mit einem S8 und einem Z8, der direkt aus einem IBC entnimmt, FuK nach 2 Minuten, vollständig geschlossene Schaumdecke nach 3 Minuten

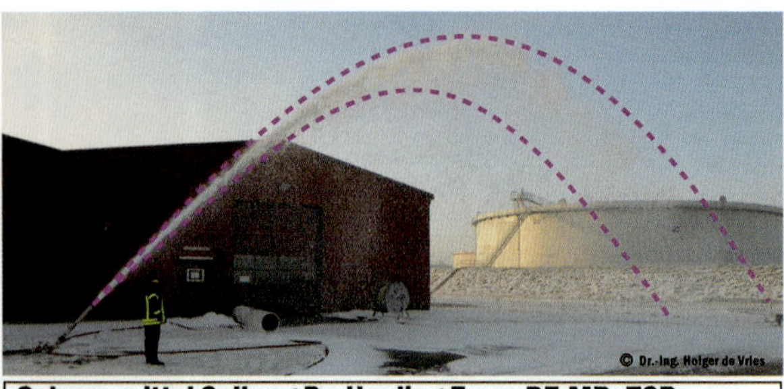

Schaummittel Solberg Re-Healing Foam RF-MB; Z8R;
POK Ansaugschlauch DN 25, Storz D, 1,5 m (PN 9328), 3,0 m (PN 16231)
Lufttemperatur -4,5 °C, Schaummitteltemperatur 1,7 °C

Abbildung 6: Z8-Zumischerbetrieb im Winter mir fluorfreiem Schaummittel, Den Zumischer hier direkt an den Druckausgangstutzen zu kuppeln soll wegen der Masse des Zumischers und des angekuppelten B-Schlauchs unterbleiben.

Grenznutzenbetrachtung von Löschtechnik und Löschverfahren

Für eine tiefergehende einsatztaktische, strategische und auch wirtschaftliche Betrachtung bietet sich die sogenannte „Pareto-Regel“ bzw. „80-20-Regel“ an: Sie besagt, dass in ca. 80 % der Fälle die Wirkung oder der Nutzen mit 20 % des Aufwandes erzielt werden können. Dies ist schematisch in Abbildung 7 dargestellt [5].

Nehmen wir ein einfaches Beispiel: Die Spannweite der Preise für Hohlstrahlrohre bis etwa 400 L/min Volumenstrom dürfte am Markt in Mitteleuropa etwa zwischen 100 bis 1.000 Euro liegen. Die Vermutung liegt nahe, dass – vorbehaltlich einer Überprüfung – die technischen Eigenschaften und die Dauerfestigkeit von Strahlrohren für 100 Euro oder sogar weniger nicht die besten sein werden. Gleichwohl dürfte Einvernehmen darüber herrschen, dass es illusorisch ist, das 1.000-Euro-Strahlrohr würde zehnmal schneller, besser oder „anders schöner“ löschen, als das 100-Euro-Strahlrohr. 20 % von 1.000 Euro entsprechen 200 Euro. Und siehe da: Im Preisbereich von

200 bis 300 Euro gibt es durchaus praxistaugliche Hohlstrahlrohre, sogar mit Volumenstromeinstellung (Funktionskategorie 3) [6; 7; 8; 9; 10]). Denken wir wieder an unsere 10-Standorte-Feuerwehr mit ihren 14 Löschfahrzeugen, so bedeutet dies die Ausstattung eines jeden Fahrzeugs mit einem Hohlstrahlrohr zu mittleren Beschaffungskosten von 14 x 250 Euro = 3.750 Euro, was in etwa den Kosten für vier Stück der 1000-Euro-Strahlrohre entspricht. Der Vorteil: Die standardisierte Ausstattung bedeutet einheitliche Ausbildung, Taktik und Vorgehensweise sowie Gerätewartung und Instandhaltung.

Die Übertragung dieser Überlegungen auf Löschtechnik und Löschverfahren – und damit auf die Zumischtechnik – erscheint komplex, ist aber nicht schwierig und schematisch in Abbildung 7 dargestellt. Unter dem Diagramm sind Löschmittel und -geräte von links nach rechts in aufsteigender Komplexität und zunehmenden Kosten angeführt. Dabei sind im „Aufwand" alle direkten (Beschaffungs-, Betriebs- und Instandhaltungskosten usw.) und indirekten Kosten (Arbeitszeit für Beschaffung, Instandhaltung, Ausbildung, usw.) enthalten. Druckluftschaum als eine der teuersten technischen Möglichkeiten, um Wasser in Richtung Feuer zu transportieren, ist hier der Vollständigkeit halber aufgeführt, obwohl er selbst nicht Inhalt dieser Broschüre ist. Die rote Kurve zeigt qualitativ die Zunahme des Aufwandes bzw. der Kosten.

Als Beipiel: Netzmittelkartusche ca. 500 Euro, Druckluftschaumanlage ca. 50.000 Euro, Faktor = 1.000. Somit könnten für die Kosten einer Druckluftschaumanlage für ein Fahrzeug einer Feuerwehr alle Feuerwehren eines Regierungsbezirks oder eines Bundeslandes (je nach Größe) mit Netzmittelkartuschen ausgestattet werden.

Macht es Sinn, beispielsweise ein Löschfahrzeug vom Typ MLF der 7,5-t-Klasse mit einer Feuerlöschkreiselpumpe FPN 1000 zusätzlich mit einer Zumischanlage auszustatten, die für einen Volumenstrombereich von 150 bis 1.600 Litern/Minute ausgestattet ist? Die Zumischanlage hat – je nach Ausführung mit Abweichungen – ein Einbaumaß von etwa 1.000 x 400 x 600 mm^3, eine Masse von zwischen 42 kg (nur 0,5 % Zumischung) bis

150 kg (2 x 3 % Zumischung). Der Nenn-Löschwasserstrom ohne Anlaufreduzierung beginnt bei 120 bis 240 Liter pro Minute [128; 129; 130].

Beginnend mit der Verwendung von Netzwasser und der Geräte zu seiner Erzeugung über Class-A-Foam, Schaum und Druckluftschaum (sofern jeweils geeignet) ist eine Verbesserung der Löschwirkung gegenüber reinem Wasser vielfach nachgewiesen. Die grüne Kurve zeigt qualitativ die Zunahme des Nutzens bzw. der Löschwirkung.

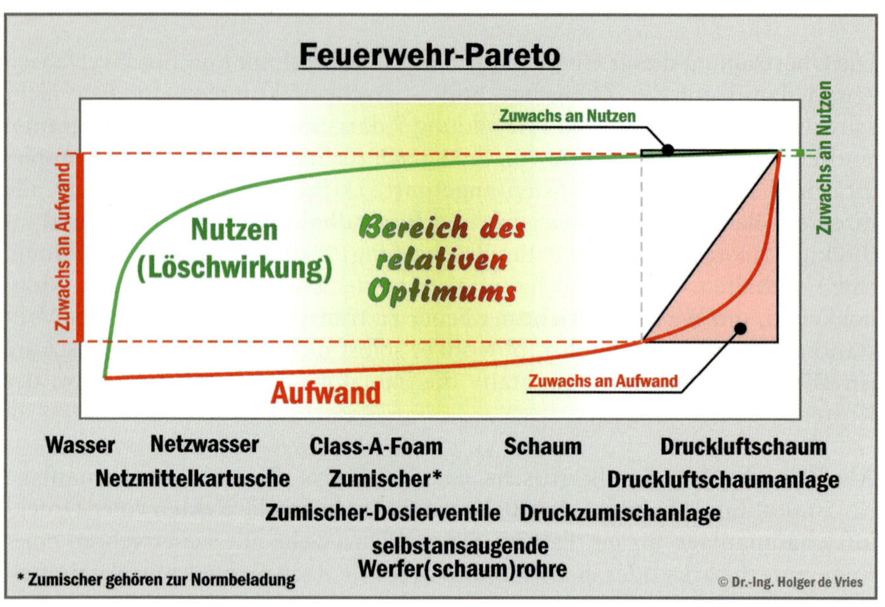

Abbildung 7: Grenznutzenbetrachtung von Löschtechnik und Löschverfahren

Die entscheidende Frage ist nun, wie viel man bereit ist – im wahrsten Sinne des Wortes – dafür auszugeben, um den letzten Liter und die letzte Sekunde der Brandbekämpfung „herauszukitzeln“. Dies ist eine Frage des „Grenznutzens“. In Abbildung 7 sind rechts die Zunahme des Nutzens und die Zunahme des Aufwandes dargestellt, der immer größer wird, je näher man an die „Schallmauer“ kommt. Und unabhängig von der Eleganz und Effektivität der Brandbekämpfung stellt sich außerdem die Frage des Gesamtnutzens, denn: Ein während eines Wohnungsbrandes angebranntes Bett wird ersetzt werden, da macht es keinen Unterschied, ob 20, 50 oder 80 Prozent des Bettes „gerettet" wurden.

Gleichwohl gibt es Tage, an denen sich eine komplexe Löschtechnik innerhalb eines Einsatzes „bezahlt" macht, wie z.B. der „Glory Day of CAFS" der Feuerwehr Ingolstadt im Jahr 1998. Es brannte der Dachstuhl einer im Jahr 1932 erbauten dreigeschossigen Privatklinik. Das Feuer konnte durch ca. 45 Sekunden Druckluftschaumangriff in den Dachstuhl gebrochen werden. Nach 15 Minuten war der Brand unter Kontrolle [11; 12].

Andererseits gibt es auch ein Brandereignis, bei dem eben dieses Löschmittel Druckluftschaum – neben erheblichen einsatztaktischen Fehlern bei Führung und Mannschaft – einer der begünstigenden Faktoren für Dienstunfälle war: Beim Brand eines überwiegend in Holzbauweise (Fachwerkhaus) erstellten zweigeschossigen Gebäudes am 17.12.2005 sind zwei Feuerwehrmänner der Freiwilligen Feuerwehr Tübingen im Einsatz ums Leben gekommen. Während des Innenangriffs ist ein mit Druckluftschaum betriebener Schlauch geplatzt oder durchgebrannt, vermutlich weil im kritischen Moment kein Schaum abgegeben wurde, somit nicht durch den Schlauch floss und diesen nicht von innen kühlen konnte [13; 14]. Dubioses über Druckluftschaum hört man auch aus dem East Sussex Fire & Rescue Service im Südosten Großbritanniens, der – wie die meisten britischen Feuerwehren – die robusten, vollbeschichteten Kategorie-3-Schläuche verwendet. Im Dezember 2007 berichtete sogar die lokale Tagespresse über platzende Schläuche und Abbrüche von Innenangriffen bei Verwendung von Druckluftschaum [15; 16].

Den Feuerwehren stehen somit eine Vielzahl technischer Hilfsmittel zur Erhöhung ihrer Leistungsfähigkeit im abwehrenden Brandschutz zur Verfügung. Die richtige Anwendung dieser Hilfsmittel – eingebettet in ein tragfähiges strategisches, taktisches und technisches Konzept [17; 18; 19, oder auch nicht: 20; 21; 22; 23; 24; 25; 26; 27] zur Erfüllung ihres humanitären und gesetzlichen Auftrages obliegt jeder Feuerwehr selbst.

2 Einsatztaktische Aspekte der Schaummittelzumischung

2.1 Extensive und intensive Schaummittelversorgung/-abgabe

Grundsätzlich kann bei der Schaummittelzumischung, -versorgung und -abgabe zwischen zwei Szenarien unterschieden werden.

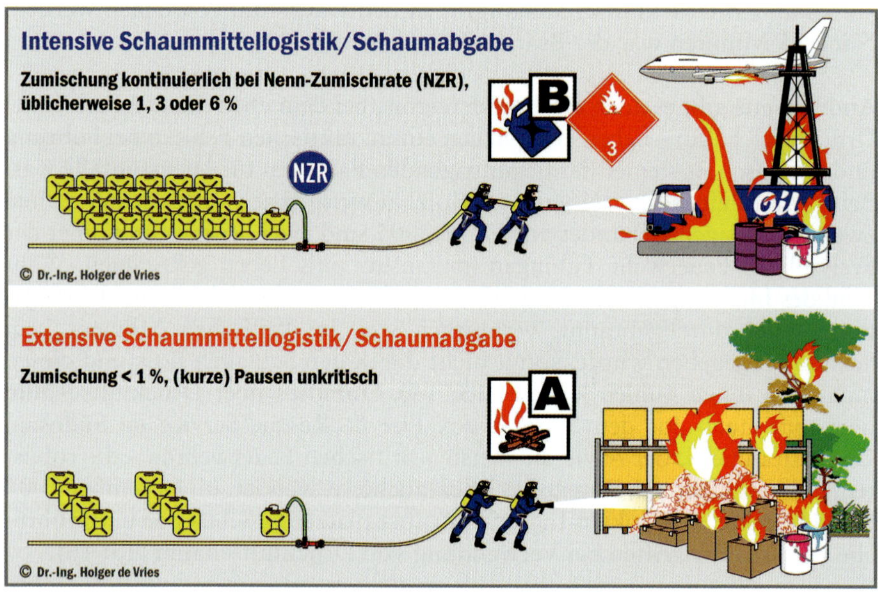

Abbildung 8: Zur Definition der intensiven und extensiven Schaummittelversorgung/Schaumabgabe

Extensive Schaummittelversorgung/-abgabe, z.B. beim Feststoffbrand: Schaummittel wird als Netzmittel und ggf. zur Abdeckung verwendet. Durch kurzfristiges Unterbrechen der Schaummittelversorgung und/oder Unterschreiten der Zumischrate werden weder die Sicherheit der Einsatzkräfte noch der Löscherfolg gefährdet, insbesondere wenn bei langen Schlauchleitungen davon ausgegangen werden kann, dass noch über einen gewissen Zeitraum Schaummittel aus diesen „ausgewaschen“ werden wird.

Intensive Schaummittelversorgung/-abgabe, z.B. beim Flüssigkeitsbrand: Es muss sichergestellt werden, dass zu keinem Zeitpunkt die Schaummittelversorgung derart unterbrochen wird, dass reines Wasser aus den Löschmittelauswurfsvorrichtungen abgegeben wird und dies die Sicherheit der Einsatzkräfte und den Löscherfolg gefährden kann.

Bei der Bekämpfung von Feststoffbränden ist lediglich eine extensive Schaummittelversorgung erforderlich. Es sollte eine „mittlere Zumischrate“ von 0,3 % erreicht werden. Bei fest eingebauten, automatischen, druckseitigen Zumischern entfällt das Instellungbringen von Zumischern nahe an den Strahlrohren und der manuelle Transport von Schaummittelkanistern nach vorne. Class-A-Foam-Schaummittel sind höher konzentriert und schäumen deshalb stärker als übliche Mehrbereich-Schaummittel, so dass das Spülen der Anlage und der Schläuche mehr Wasser erfordert. Außerdem kommt mehr Schlauchmaterial mit Schaummittel in Kontakt, da der Zumischer im oder am Fahrzeug betrieben wird. Diese Verringerung bzw. das Abschalten der Zumischung darf jedoch nicht dazu führen, dass aufgebrachte Schaumschichten wieder abgewaschen werden. Der Strahlrohrführer kann leicht überprüfen, ob sich noch Schaummittel im Wasser befindet, indem er die Fingerspitzen vorsichtig in den Strahl hält: Das Wasser schäumt leicht auf und fühlt sich „ölig“ an.

2.2 Befehlsgebung Schaumeinsatz

In der aktuell gültigen FwDV 3 der Projektgruppe Feuerwehr-Dienstvorschriften des Ausschusses für Feuerwehrangelegenheiten, Katastrophenschutz und zivile Verteidigung (AFKzV) werden dem Schaumeinsatz ganze zehn Wörter gewidmet [28]: *„…der Einsatzablauf erfolgt sinngemäß wie bei der Vornahme des B-Rohres…“* Da verwundert es nicht, wenn Schaumeinsätze nicht erfolgreich abgearbeitet werden. Auch wird suggeriert, es gäbe nur einen (Z-)Zumischertypen, so dass dieser bzw. dessen Größe auch nicht befohlen werden müsse. Einen Zumischer Z2 und ein Schaumrohr der Größe 2 mit C-Kupplungen in eine B-Leitung eingebaut ist jedenfalls etwas, was man nicht alle Tage sieht. Dazu müsste die Anzahl der BC-Übergangstücke auf Löschfahrzeugen drastisch erhöht werden. Dass auch Z4-Zumischer selbst mit C38-Leitungen (mit C52 sowieso, siehe Abbildung 43 bzw. Abbildung 54) betrieben werden können, scheint dort auch nicht bekannt zu sein. Abbildung 9 zeigt einen Anhalt für die (notwendige) Erweiterung des Befehlsschemas für einen Schaumangriff. Dies kann auch als Vorlage für eine Standardeinsatzregel gelten, in der die örtlich vorhandenen Geräte, Schaummittel und Einsatzverfahren enthalten sind, vgl. auch [29].

Abbildung 9: Erweiterung des Befehlsschemas für einen Schaumangriff

2.3 Zeitfaktoren

Bei der Verwendung von Schlauchleitungen zwischen Zumischeinrichtungen und LAV sind zwei sich überlagernde Zeitfaktoren zu berücksichtigen.

2.3.1 Transportzeit

Bei dem einem der Zeitfaktoren handelt es sich um die „Transportzeit", die das Löschmittel braucht, um von der Zumischeinrichtung zur LAV zu fließen. Die Transportzeit ist die kürzeste Zeitspanne, nach deren Ablauf der Strahlrohrführer z.B. eine Veränderung am Löschmittel durch die Veränderung der Zumischrate beobachten könnte, weil sich die Konsistenz des abgegebenen Schaumes ändert. Bei geöffneter LAV lässt sich die Transportzeit in Abhängigkeit von Strömungsgeschwindigkeit, Schlauchdurchmesser und -länge berechnen. Entsprechende Werte sind in Tabelle 2 angegeben.

Tabelle 2: Strömungsgeschwindigkeit in Feuerlöschschläuchen

Schlauch	Volumen-strom [L/min]	Strömungs-geschwindigkeit [m/s]	Zeit für einen 15-m-Schlauch [s]
C 52	100	0,78	19,23
C 52	200	1,57	9,55
C 52	300	2,34	6,41
C 52	400	3,14	4,77
B 75	100	0,38	39,47
B 75	400	1,51	9,93
B 75	600	2,26	6,64
B 75	800	3,01	4,98

Bei Verwendung einer C52-Leitung aus vier Längen und einer LAV mit einem Volumenstrom von 200 L/min muss ein Strahlrohrführer also rund 40 Sekunden warten, bis sich die Schaumqualität aufgrund der geänderten Zumischrate etwas ändern kann. 40 Sekunden unter Stress an einer Einsatzstelle können gefühlt eine ziemlich lange Zeit sein, hier gilt es, Ruhe zu bewahren. Wenig sinnvoll wäre es, während des Ablaufs dieser Zeit z.B. eine weitere Erhöhung der Zumischrate zu fordern.

Bei fest eingebauten, automatischen, druckseitigen Zumischeinrichtungen (DZA) ist die Länge der Schlauchleitung – abgesehen von den Reibungsverlusten in den Schläuchen – beliebig lang. Dies bedeutet dann auch eine entsprechend lange Transportzeit. Eine weitere technische Option wäre die Verwendung von Hohlstrahlrohren mit Schaumvorsatz, da bei diesen die Schaumqualität hier durch Verdrehen des Strahlformreglers verändert werden kann.

2.3.2 Reaktionszeit der Zumischeinrichtung

Bei Druckzumisch- und Druckluftschaumanlagen handelt es sich um komplexe messtechnische und hydraulische Systeme, deren Funktion von einer entsprechenden Mess-Regeltechnik abhängt, die zu jedem Zeitpunkt Volumenströme und/oder Drücke abgreifen muss, um die Schaummittelzumischung und bei DLSA zusätzlich die Leistung des Kompressors entsprechend der Abnahme an Löschmittel entweder direkt oder durch Ventilsteuerung einzuregeln. Als Maß für die Güte einer Regelstrecke wird in der Mess-Regeltechnik u. A. der Begriff Totzeit verwendet. Die Totzeit ist die Zeitspanne, die zwischen einer Änderung am Systemeingang und der entsprechenden Antwort am Systemausgang einer Regelstrecke liegt. Dies dürfte mindestens jedem Autofahrer, der über eine automatische Geschwindigkeitsregelung („Tempomat", „Cruise Control") verfügt, bekannt sein: Wird auf ebener Stecke die Soll-Geschwindigkeit z.B. auf 140 km/h eingestellt und es folgt eine Anhöhe, so bleibt die Geschwindigkeit nicht bei „Strich 140", sondern die Geschwindigkeit fällt zunächst leicht auf z.B. 138 km/h, das System regelt nach, es kommt üblicherweise zu einer „Überschwingung" auf z.B. 142 km/h, erst nach einiger Zeit liegt wieder eine Geschwindigkeit von exakt 140 km/h an. Wer in seinem Wagen über entsprechende Anzeigeinstrumente verfügt, wird zusätzlich das Wechselspiel von Drehzahl, Kraftstoffverbrauch und Geschwindigkeit verfolgen können. Entscheidend ist: Jede Mess-Regel-Technik braucht Zeit, um sich anzupassen!

Es kann nun darüber gestritten werden, ob die pulsierende Rauchgaskühlung mit Sprühstrahl die richtige Taktik für Druckluftschaum ist und es ist im Hinblick auf Aspekte der Mess-Regeltechnik auch akademisch, darüber zu streiten, wie oft und mit welcher Frequenz ein Strahlrohrführer den Volumenstrom seines Strahlrohres ändert. Laut Herstellerangaben soll Druckluftschaum auch dazu beitragen, Wasserschaden zu vermeiden. Wenn dem so ist, dann muss es dem Strahlrohrführer auch gestattet sein, lageabhängig sein Rohr öffnen und schließen zu dürfen.

Abbildung 10 zeigt beispielhaft den Volumenstrom eines Hohlstrahlrohres bei einem Innenangriff. Es muss durchaus mit mehreren Schaltvorgängen pro Minute gerechnet werden. Das ist etwa so, als würde man von der automatischen Geschwindigkeitsregelung eines Kfz verlangen, innerhalb einer Sekunde von 140 km/h auf 0 km/h zu „regeln“ (üblicherweise als Notbremsung bezeichnet) und wieder zurück (dürfte auch ein Sportwagen nicht schaffen).

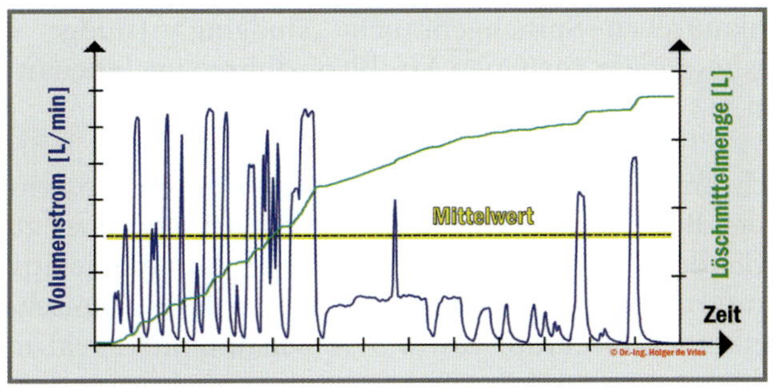

Abbildung 10: Volumenstrom eines Strahlrohres bei einem Innenangriff

Umfangreiche und veröffentlichte Messungen [30; 31; 32] mit Druckluftschaum im Vergleich mit Wasser bestätigen die soeben angestellten Überlegungen über den Betrieb von Druckzumisch- und Druckluftschaumanlagen. In allen Messungen wurde festgestellt, dass die Druckschwankungen eine Schlauchlänge vor der FP/DLSA maximal lediglich +/– 0,5 bar betragen und damit sicherlich zu gering sind, um einen Einfluss auf die Mess-Regel-Technik zu haben. Die Druckzumisch- bzw. Druckluftschaumanlage „arbeitet“ also weiterhin – rein anlagentechnisch völlig korrekt – mit einem „Mittelwert“ der Löschmittelabgabe von 200 L/min bei 5 bar (maximal +/– 0,5 bar, je nach Versuch).

Dem könnte entgegnet werden, dass Druckzumisch- und Druckluftschaumanlagen üblicherweise mit Volumenstromsensoren und nicht mit Drucksensoren ausgestattet sind. Auch diese Volumenstromsensoren sind gegenüber den Schaltvorgängen am Strahlrohr jedoch „blind", da es bei schnellen Schaltfolgen zu einer sukzessiven Expansion des Druckluftschaumes, beginnend in den dem Strahlrohr am nächsten gekuppelten Schlauchlängen kommt, also vom Strahlrohr aus „rückwärts".

Gleichzeitig war an einem kurzen Stück Klarschlauch direkt am Strahlrohr zu beobachten, dass der Druckluftschaum zerfällt und es zu einer Phasentrennung kommt [vgl. 33–37]: Im unteren Bereich des Klarschlauches sammelt sich Wasser-Schaummittel-Gemisch, darüber befindet sich Schaum oder Druckluftschaum unbekannter „Qualität". Es kommt zum „Stottern" des Strahlrohrs, es wird kein Druckluftschaum mehr abgegeben sondern Luft, Wasser-Schaummittel-Gemisch und Druckluftschaum in nicht beeinflussbarer Abfolge (im amerikanischen Sprachgebrauch „sludging" [sludge = Matsch]). Dies kann insbesondere für einen Strahlrohrführer im Innenangriff fatale Folgen haben.

Entsprechendes gilt auch für Druckzumischanlagen: Hier sind die Auswirkungen auf die Praxis der Bekämpfung von Feststoffbränden aber eher zu vernachlässigen, auch für den Fall, dass die Zumischung dadurch relativ „grob" geregelt wird: Aufgrund der Mess-Regel-Technik wird die Zumischanlage bei z.B. eingestellter Zumischrate von 0,3 % Schaummittel real in Konzentrationen von 0 bis mindestens 1 Prozent zumischen, so dass letztlich Netzwasser am Strahlrohr ankommt und der Zweck der Zumischung „im Mittel" erfüllt wird. Bestätigt dies u. A. auch von U. Braun, Leiter der Feuerwehr Ingolstadt. Als erste deutsche Berufsfeuerwehr setzt die Feuerwehr Ingolstadt seit 1997 zwei Löschgruppenfahrzeuge mit (mittlerweile gegen neue Anlagen ausgetauschte) Druckluftschaumanlagen ein. Nach Messungen von Braun beträgt die Zumischung von Schaummittel mit diesem System bei eingestellten 0,5 % real jedoch im Mittel 1,7 %, im Maximum bis zu 4,46 %, also fast das Zehnfache des eingestellten Wertes [38].

Die maximale Abweichung von vorgewählten Zumischraten bei einem Förderdruck des Löschmittels von 4 bar bis 10 bar darf nach DIN 14330 bei bis zu 1 % Zumischrate jedoch nur +/– 20 %, d.h. 0,5 % +/– 0,1 % betragen. Bei Zumischanlagen wirkt sich dies „nur" auf den Schaummittelverbrauch aus, da Schaummittel zugemischt wird, wenn auch überdosiert. Die Technischen Regeln für Druckzumisch- und Druckluftschaumanlagen legen bisher keine zeitlichen Kriterien fest, innerhalb welcher Zeit eine (veränderte) Zumischeinstellung auch tatsächlich erreicht wird.

Die Digitalanzeige einer Druckzumischanlage zeigt den Sollwert, nicht den Realwert der Zumischrate an. Der Realwert kann aus physikalischen Gründen (insbesondere beim „pulsierenden" Löschen) ein Vielfaches des Sollwerts betragen. Dies ist bei der Schaummittellogistik zu berücksichtigen.

Bei den Messungen fiel noch eine „Nebenerkenntnis" ab: Unerwartet hoch waren die Druckstöße bei den Versuchen mit Wasser im Vergleich zu denen mit Druckluftschaum. Zwar lagen sie bei einem Pumpendruck von 5 bar hier mit max. 9,5 bar bei den in diesen Messungen verwendeten Schlauchdurchmessern und Schlauchlängen deutlich niedriger als der Berstdruck der Schläuche von 25 bar, sie bedeuten jedoch trotzdem eine erheblich Belastung des verwendeten Materials. Das bei den Versuchen verwendete Druckbegrenzungsventil hat bei den mit Wasser durchgeführten Versuchen bei jedem Schließen des Strahlrohres angesprochen. Schnelle Druckstöße können von einer automatischen Pumpendruckregelung nicht aufgefangen werden. Es wird dringend empfohlen, bei der Anwendung des „indirekten Löschens" bzw. des „Impulslöschverfahrens" ein Druckbegrenzungsventil nahe an den LAV (am besten eine Kombinationen aus Verteiler und Druckbegrenzungsventil) in der Angriffsleitung zu verwenden.

Bei Anwendung „pulsierender" Löschverfahren wird die Verwendung eines Druckbegrenzungsventils nahe den Löschmittelauswurfvorrichtungen bzw. nahe dem Verteiler dringend empfohlen.

3 Schaummittelzumischung

3.1 Grundlagen der Schaummittelzumischung

Schaum besteht aus Gasblasen, die in einen Flüssigkeitsfilm eingeschlossen sind [39]. Bei den heute von den Feuerwehren verwendeten Schäumen ist das Füllgas Luft. Die Flüssigkeit ist ein Wasser-Schaummittel-Gemisch. Der erste Schritt zur Erzeugung mechanischen Feuerlöschschaumes ist die Zumischung von Schaummittel zum Löschwasser. Die Schaummittelzumischung liegt heute in der Regel bei 1, 3 oder 6 Prozent. Dadurch wird ein Wasser-Schaummittel-Gemisch hergestellt. Anschließend wird Luft zu diesem Wasser-Schaummittel-Gemisch zugemischt. Die Verschäumung kann auf drei Weisen erfolgen (vgl. Abbildung 12):

1. Verschäumung durch besonders gestaltete Strahlrohre (strahlrohrverschäumter Schaum) (Schwerschaum, Mittelschaum)
2. Verschäumung durch Gebläse (Leichtschaum)
3. Verschäumung durch Druckluft, die von einem Kompressor oder aus einer Druckluftflasche (Druckluft- oder Kompressorschaum zugeführt wird, engl. „compressed air foam [system]“ = „CAF[S]“) (Schwerschaum)

Im englischen Sprachraum wird die Zumischung von Schaummittel zum Wasser primäre Zumischung und die Zumischung von Luft zum Wasser-Schaummittel-Gemisch sekundäre Zumischung genannt. Im deutschen Sprachraum ist es üblich, die sekundäre Zumischung mit Verschäumung zu bezeichnen. Verwendet man kein Schaumrohr, sondern ein Strahlrohr, das selbst keinen Schaum erzeugen kann, so kann durch austretende Brandgase aus festem Brandgut trotzdem eine dünne Schaumschicht erzeugt werden. Je nachdem, ob man sich der deutschen oder der angelsächsischen Nomenklatur anschließt, spricht man dann von sekundärer Verschäumung oder tertiärer Zumischung.

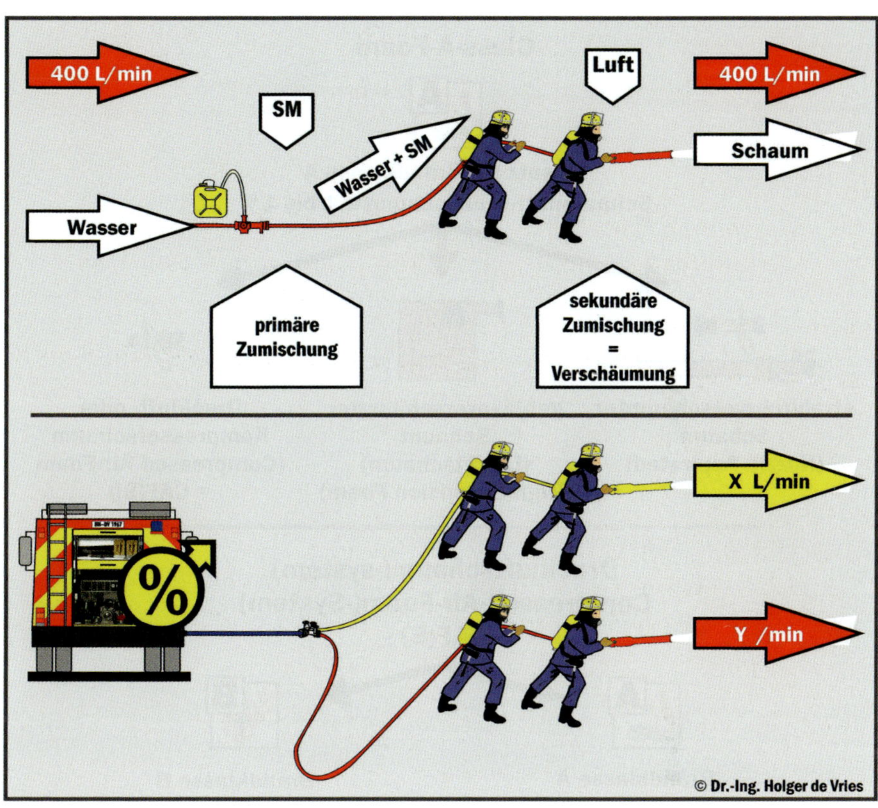

Abbildung 11: Schaumerzeugung durch zweifache Zumischung

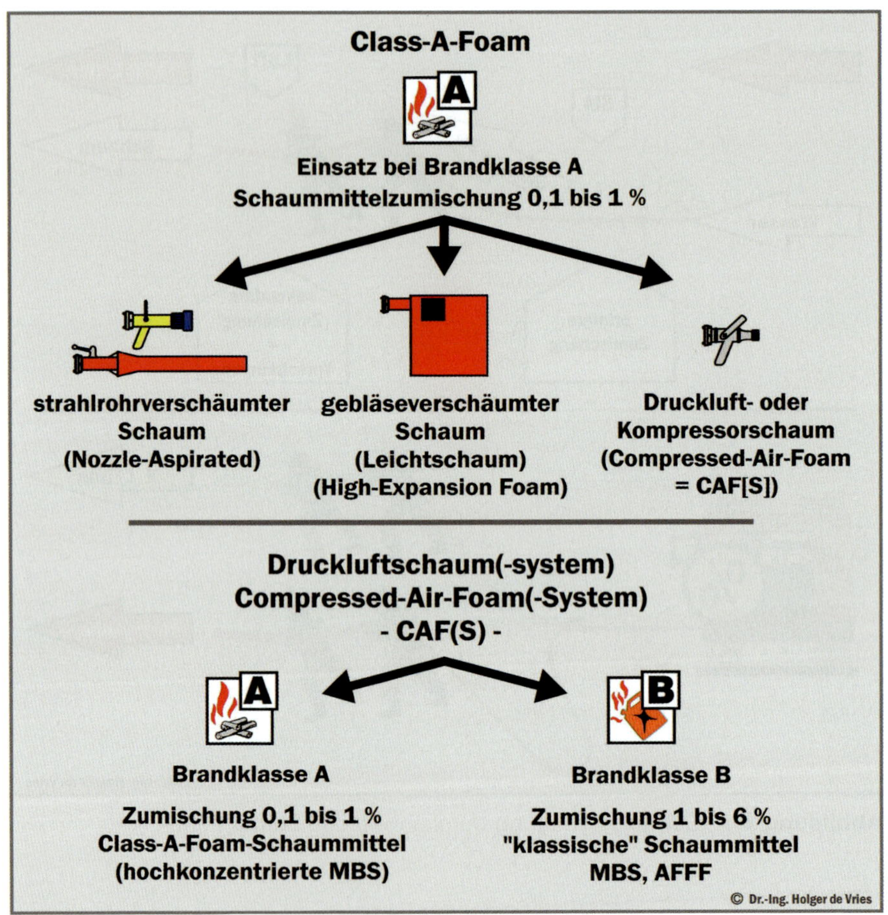

Abbildung 12: Zur Definition von Class-A-Foam und CAFS

3.1.1 Systematik der Zumischsysteme

Im Laufe der letzten 100 Jahre seit Entwicklung des Luftschaums für die Brandbekämpfung ist eine Vielzahl verschiedener Varianten der Zumischung entwickelt worden. Diese technischen Lösungen beruhen jedoch auf recht einfachen physikalischen Grundlagen und können nach vier verschiedenen Kriterien klassifiziert werden:

- Das Schaummittel wird druck- oder saugseitig von der Feuerlöschkreiselpumpe zugemischt.
- Die Steuerung bzw. Regelung der Zumischung bei wechselnden Volumenströmen und Drücken erfolgt manuell oder automatisch.
- Das für die Schaummittelzumischung genutzte Wirkungsprinzip.
- Hilfsenergie ist für die Zumischung erforderlich oder nicht.

Ein Sonderfall ist die Verwendung von Netzmittelkartuschen, da es keine direkten Einwirkmöglichkeiten zur Höhe der „Zumischrate“ gibt.

Zunächst werden physikalische Grundlagen für das Verständnis der Funktionsweise von Zumischern erläutert. Mit Kenntnis dieser Grundlagen wird deutlich, warum welche Zumischer unter bestimmten Bedingungen nicht eingesetzt werden können bzw. nicht störungsfrei arbeiten. In den anschließenden Abschnitten werden zunächst die saugseitigen und dann die druckseitigen Zumischeinrichtungen behandelt. Der Pumpenvormischer wird unter den saugseitigen Zumischern geführt, obwohl er eigentlich ein „Zwitter“ der beiden Möglichkeiten ist. Im letzten Abschnitt werden dann die druckseitigen Zumischer erläutert. Dieser Abschnitt ist in manuell und automatisch geregelte Systeme unterteilt.

3.1.2 Das Wasserstrahlpumpenprinzip

Die genormten Schaummittelzumischer („Z-Zumischer“ nach DIN 14384 bzw. DIN EN 16712) arbeitet nach dem Prinzip der Wasserstrahlpumpe. Zum Verständnis dieses Wasserstrahlpumpen-Prinzips (Injektor-Prinzip) ist die Kenntnis der Volumenstromgleichung und der Saugwirkung von Strömungen erforderlich.

Es wird zunächst ein verzweigungsfreies Rohr mit konstantem Querschnitt betrachtet. Durch dieses Rohr fließt ein Wasserstrom. Da das Rohr keine Verzweigungen hat, muss der Volumenstrom am Ende des Rohres gleich dem Volumenstrom am Anfang des Rohres sein.

Tabelle 3: Klassifizierung von Zumischsystemen

Klassifizierung von Zumischsystemen	Einbauvariante		Zumischort bzw. Verwendung		Regulierung bzw. Steuerung		physikalisches Wirkungsprinzip			Hilfs-energie
	zentral	dezentral	saug-seitig	druck-seitig	manuell	auto-matisch	Strahl-pumpe	Venturi	Pumpe	
Netzmittelkartusche	beides möglich			X	keine		konvektive Durchmischung			NEIN
Tankvormischung	X		X		X			X		NEIN
Saugzumischer	X		X		X			X		NEIN
Pumpenvormischer	X		*	*	*	*		X		NEIN
Strahlpumpenzumischer (Z-Zumischer)	beides möglich			X	X		X			NEIN
manuell regulierte Einspeise-Zumischung [1]				X	X				X	JA
Venturi-Blasentank-Zumischer	theoretisch beides möglich, aber zu großer Platzbedarf			X		X		X		NEIN
Ventilgesteuerter Venturi-Pumpen-Zumischer [1]				X		X		X	X	JA
elektronische Direkteinspeisung	beides möglich			X		X			X	JA
Wassermotor-Zumischung	beides möglich			X		X			X	NEIN

* Der Pumpenvormischer ist als „Zwitter“ aus druck- und saugseitiger Zumischung zu verstehen.

[1] In Europa nicht relevant.

Bei dieser Betrachtung wird Wasser als inkompressibel angenommen, es kann nicht verdichtet werden. Der Volumenstrom in Litern pro Minute ist also proportional dem Massenstrom in Kilogramm pro Minute. Wird das Rohr an einer Stelle verengt, so muss der gleiche Wasserstrom pro Zeiteinheit durch diese Verengungsstelle fließen. Dies ist nur möglich, wenn sich die Strömungsgeschwindigkeit des Wassers an dieser Stelle erhöht.

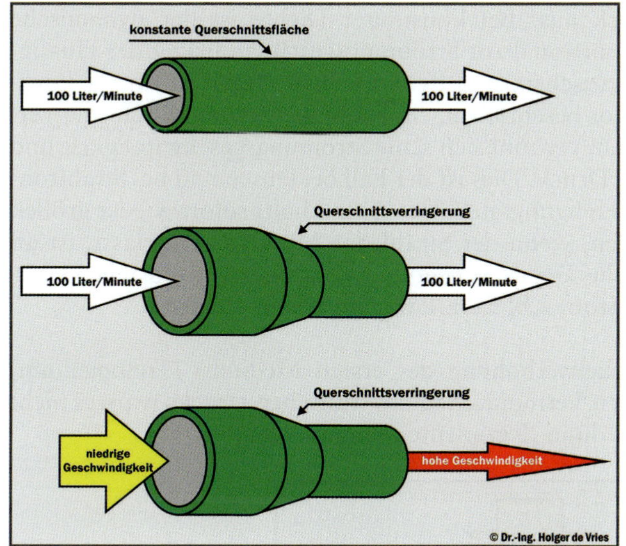

Abbildung 13: Ideale Strömung durch ein Rohr ohne und mit Querschnittsverringerung

Der Druck einer strömenden Flüssigkeit setzt sich zusammen aus:

- dem an Manometern ablesbaren Betriebsdruck
- dem von der vertikalen Höhe der Flüssigkeitssäule abhängigen geodätischen Druck
- dem von der Strömungsgeschwindigkeit abhängigen dynamischen Druck

Der Betriebsdruck und der geodätische Druck werden zum statischen Druck zusammengefasst. Bei den weiteren Betrachtungen wird davon ausgegangen, dass ein geringer Höhenunterschied zwischen Strömungseintritts- und -austrittsstelle liegt und er daher vernachlässigt werden kann. Dies ist z.B. der Fall bei einem Z-Zumischer, der auf waagerechtem Boden steht. Da der geodätische Druck vernachlässigt wird, ist der Betriebsdruck oder statische Druck der in einer ruhenden Flüssigkeit herrschende Druck, z.B. der Druck in einem aufgeladenen Schaumfeuerlöscher.

Wird die Flüssigkeit in Bewegung gesetzt, so übt sie auf ihre Umgebung einen dynamischen Druck aus. Bei konstanter Dichte ist der dynamische Druck quadratisch proportional zur Strömungsgeschwindigkeit der Flüssigkeit. Die Summe aus statischem und dynamischem Druck ist immer konstant. Wird nun, wie zuvor beschrieben, ein Flüssigkeitsstrom durch eine Verengungsstelle geleitet, dann erhöht sich seine Strömungsgeschwindigkeit und damit sein dynamischer Druck. Dies ist der Fall bei Düsen und bei Strahlrohren. Wird nach dieser Verengungsstelle der Querschnitt sofort wieder größer, wie z.B. bei Strahlrohren, wenn der Strahl das Mundstück verlässt, ist an dieser Stelle der statische Druck vermindert. Dadurch entsteht ein Unterdruck und ein anderer Stoff, z.B. Luft, kann angesaugt werden.

Ohne die Geschwindigkeitserhöhung des ersten Mediums (Treibmedium) und der daraus folgenden Verminderung des statischen Drucks wäre es nicht möglich, ein zweites Medium (Rezipienten) anzusaugen.

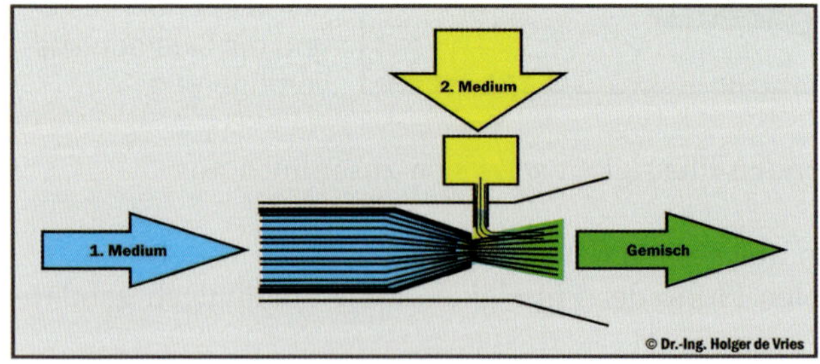

Abbildung 14:
Das Wasserstrahlpumpen-Prinzip

3.2 Saugseitige Zumischung

3.2.1 Tankvormischung (batch mixing)

Die einfachste, aber am wenigsten zu bevorzugende Methode der Mischung von Wasser und Schaummittel ist die Vormischung im Tank eines Fahrzeugs oder in einem anderen Wasserbehälter, aus dem Löschwasser entnommen wird. Die Tankvormischung hat allen anderen Zumischmethoden gegenüber nur zwei scheinbare Vorteile: Sie ist die einfachste Methode und die billigste, weil kein Zumischer verwendet werden muss. Diesen beiden Vorteilen steht aber eine Vielzahl von Nachteilen gegenüber:

Die Tankvormischung ist nur kurzfristig die billigste Möglichkeit der Zumischung, da die korrodierende Wirkung des Schaummittels beachtet werden muss. Beim Eingießen von Schaummittel in den Tank wird oftmals Schaummittel verschüttet. Schaummittel kann das Material des Tanks und des Fahrzeugaufbaus angreifen und schädigen [40].

Das Wasser-Schaummittel-Gemisch muss aus dem Tank entnommen bzw. mit einer Pumpe aus dem Löschwasserbehälter angesaugt werden. Dabei gelangt das Schaummittel in die Saug- und Druckstufe der Feuerlöschkreiselpumpe. Schaummittel enthalten synthetische Tenside, also prinzipiell die gleichen Stoffe, die in Haushaltsreinigungsmitteln zum Lösen von Fett verwendet werden. Zusätzlich zur Korrosion des Pumpen- und Dichtungsmaterials werden die Schmierfilme der Feuerlöschkreiselpumpe angegriffen, was zum Festfressen der Pumpe führen kann. Schweißnähte werden durch Schaummittellösung besonders schwer geschädigt. Das Schaummittel reduziert die Oberflächenspannung des Wassers, welches dann in spröde Oberflächen eindringen und dort korrodieren kann.

Es kommt zur Schaumbildung im Tank, wenn ein Fahrzeug mit einem Tank voller Wasser-Schaummittel-Gemisch bewegt wird. Dieser Schaum tritt dann durch das Überlaufrohr des Tanks aus. Bei der Tankvormischung kann nicht sichergestellt werden, dass im gesamten Tank eine gleichmäßige Mischung aus Wasser und Schaummittel erzeugt wird. Je nach Lösungsgrad des Schaummittels im Wasser wird also Wasser-Schaummittel-Gemisch mit unterschiedlichen Konzentrationen abgegeben. Dies kann die Wirksamkeit der

Löscharbeiten beeinträchtigen. Außerdem kann die Zumischrate nicht den Erfordernissen an der Einsatzstelle angepasst werden. Schaummittel sind biologisch abbaubar. Diese positive Eigenschaft der Schaummittel, die ihren Einsatz aus ökologischer Sicht erst möglich macht, erweist sich hier als Nachteil: Im Tank ist das Wasser-Schaummittel-Gemisch in Kontakt mit Luftsauerstoff. Es sind stets genügend Mikroorganismen im Wasser enthalten, um den Abbauprozess einzuleiten. Daher kann man sich bei einer vor längerer Zeit hergestellten Tankvormischung nicht mehr über die Wirksamkeit des Schaummittels sicher sein. Der Hersteller des Schaummittels kann dann auch keine Gewähr für die Löschwirkung des Schaumes geben. Ein Tank mit teilweise verbrauchtem Wasser-Schaummittel-Gemisch muss ganz entleert und eine Nachfüllung neu angesetzt werden, da es sonst schwierig ist, die richtige Konzentration einzuhalten. Die Tankvormischung hat auch den einsatztaktischen Nachteil, dass von diesem Fahrzeug kein reines Wasser abgegeben werden kann. Class-A-Foam-Schaummittel sind höher konzentriert als übliche synthetische Schaummittel für Flüssigkeitsbrände. Einfach ausgedrückt bedeutet dies, dass sie stärker schäumen. Daher dauert es relativ lange und erfordert viel Wasser, den Tank, die Pumpe und alle Armaturen ausreichend zu spülen.

Die Mehrzahl der hier aufgeführten Nachteile der Tankvormischung gelten auch dann, wenn ein Fahrzeug mit einem Tank für Löschwasser und einem zusätzlichen für Wasser-Schaummittel-Gemisch ausgerüstet ist oder für Ausgleichsbehälter in einer offenen Wasserförderstrecke. Aus diesen Gründen ist von einer Vormischung abzuraten.

3.2.2 Saugzumischung (suction side proportioning)

Der Saugzumischer besteht aus einem Venturi-Rohr, das zwischen dem Löschwasserbehälter und der Saugseite der Feuerlöschkreiselpumpe eingebaut ist. Ein Venturi-Rohr ist ein zylindrisches Rohr mit einer konischen Verengung und Erweiterung, wie es in Abbildung 15 vereinfacht dargestellt ist. Die Verengung bewirkt eine Erhöhung der Strömungsgeschwindigkeit des Wassers und damit einen Anstieg seines dynamischen Druckes und eine Verringerung seines statischen Druckes. Die Verringerung des statischen Druckes entspricht dem Wirken eines Unterdrucks. Durch diesen Unter-

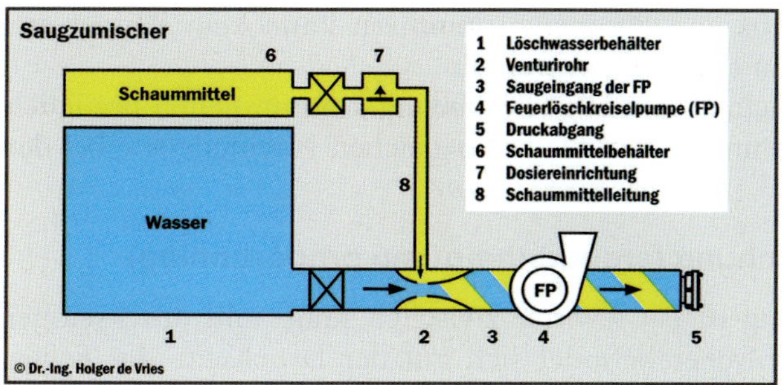

Abbildung 15: Saugzumischer [41, verändert]

druck wird das Schaummittel angesaugt, an der engsten Stelle des Venturi-Rohres zugemischt und vom Wasserstrom mitgerissen.

Die Schaummittelmenge bzw. Zumischrate wird an einem Dosierventil eingestellt. Die Förderung des Schaummittels ist abhängig vom Wasservolumenstrom im Venturi-Element und vom statischen Druck des Schaummittels. Der statische Druck des Wasserstroms und des Schaummittels müssen dem Betrag nach gleich sein. Dies ist durch den Einbau des Schaummittelbehälters oberhalb der Zumischeinrichtung sichergestellt. Statt des Venturi-Elements könnte auch eine elektronische Mess-Regel-Einrichtung mit einer Dosierpumpe verwendet werden. Diese Ausführung ist aber unüblich, da man solch eine technisch höherwertige Lösung nicht mit den Nachteilen einer saugseitigen Zumischung kombinieren würde.

Saugzumischer haben folgende Eigenschaften:

- Saugzumischer sind konstruktiv einfach und sicher im Betrieb. Es ist weder eine Schaummittelpumpe noch Hilfsenergie erforderlich.
- Saugzumischer dosieren bei richtiger Auslegung recht genau über den gesamten Förderbereich der Pumpe.
- Von einem Fahrzeug mit Saugzumischer kann entweder nur Wasser oder nur Schaum abgegeben werden.
- Mit Pumpenvormischern kann kein Schaummittel zugemischt werden, wenn Wasser aus Hydranten oder aus einer anderen Quelle mit zu hohem Vordruck entnommen wird, da die notwendige Druckdifferenz im Venturi-Rohr dann nicht erzeugt werden kann.

- Während des Betriebs von Pumpenvormischern kann kein Wasser aus offenen Wasserstellen entnommen werden.
- Da die Pumpe mit Schaummittel in Berührung kommt, gelten bezüglich der Korrosion und Pumpenverschleiß die gleichen Nachteile wie bei der Tankvormischung.

3.2.3 Pumpenvormischung (around-the-pump proportioning)

Die Pumpenvormischung ist ein Zwitter zwischen saug- und druckseitiger Zumischung. Der Vormischer befindet sich auf der Druckseite der Feuerlöschkreiselpumpe. Da jedoch bei dieser Zumischung ebenfalls Schaummittel durch die gesamte Feuerlöschkreiselpumpe geführt wird, wird die Pumpenvormischung an dieser Stelle behandelt. Bei der Pumpenvormischung wird ein Treibwasserstrom auf der Druckseite der Pumpe abgezweigt und durch eine regelbare Dosiereinrichtung geführt. Die Dosiereinrichtung funktioniert nach dem Strahlpumpenprinzip. Durch den Treibwasserstrom wird Schaummittel mitgezogen und auf der Saugseite der Pumpe wieder dem Hauptwasserstrom zugeführt. Unmittelbar nach Inbetriebnahme sind also sowohl der Haupt- und also auch der Treibwasserstrom mit Schaummittel angereichert.

Ähnlich wird beim behelfsmäßigen Nebenschlussverfahren zur Herstellung von Netzmittelwasser verfahren: An einen Druckabgang wird ein Verteiler angeschlossen, von dem eine Leitung zum Löschangriff vorgenommen wird und eine zweite Leitung über einen (Z-)Zumischer zurück zum Eingang der FP geführt wird. Das Gemisch wird also mindestens einmal durch die FP geführt und wieder verdünnt.

Pumpenvormischer müssen während des Einsatzes entsprechend dem Wasserdruck und der Anzahl der Strahlrohre nachgeregelt werden. Bei modernen Pumpenvormischern kann die Dosiereinrichtung mit einer Venturidüse und einer Federmechanik gekoppelt sein, die den Schaummittelstrom dem jeweiligen Förderstrom bzw. Förderdruck anpasst.

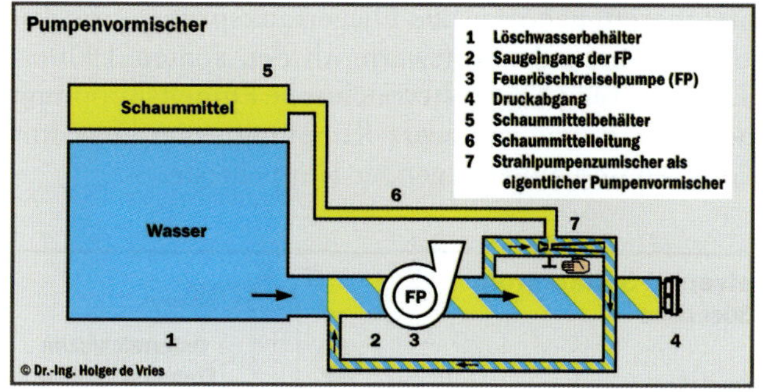

Abbildung 16: Pumpenvormischer [41, verändert]

Pumpenvormischer haben folgende Eigenschaften:

- Pumpenvormischer mit mechanisch-automatischer Dosiereinrichtung mischen bei wechselnden Drücken und Förderströmen über einen weiten Bereich Schaummittel genau zu.
- Manuell geregelte Pumpenvormischer erfordern ständige Überwachung und Nachstellung im Einsatz.
- Durch den zurückgeleiteten Treibwasserstrom gelangt Schaummittel erst in die Saugseite und danach in die Druckseite der Pumpe. Im Hinblick auf Korrosion und Pumpenverschleiß gelten daher alle Nachteile, die bereits bei der Tankvormischung erläutert worden sind.
- Mit Pumpenvormischern ausgerüstete Fahrzeuge können entweder nur Wasser oder nur Wasser-Schaum abgeben.

Abbildung 17 zeigt nicht nur eine Rosenbauer Tragkraftspritze mit Pumpenvormischer (Nr. 1), sondern weitere feuerwehrtechnische Details: Das Schaumrohr besteht nicht wie das deutsche Komet-Rohr aus der gleichen Epoche aus einem Stück, sondern setzt sich zusammen aus einem Hohlstrahlrohr, dem sog. „Schöne-Mundstück" (Nr. 3), das bereits 1908 im Vertrieb der Fa. Rosenbauer war [42]. Es wird erst zum Schwerschaumrohr in Kombination mit dem entsprechenden Schaumaufsatz (Nr. 4) und ggf. dem Schaumgießrohr (Nr. 5). Die „Erfindung“ der Kombination von Hohlstrahlrohr und Schaumaufsatz beanspruchen seit den 1960er-Jahren amerikanische Armaturenhersteller für sich. Zu den vermutlich ersten „genormten“ Fahrzeugen, die standardmäßig mit Hohlstrahlrohren – den „METZ-Universaldüsen“ – ausgerüstet waren, gehörten die Fliegertankspritzen, im Zulauf an die Fliegerhorstfeuerwehren der Luftwaffe ab den späten 1930er-Jahren [vgl. 43; 44; 45]. Desweiteren ist die Österreichische Einheitskupplung zu erkennen, die symmetrisch ist wie die Storz-Kupplung, allerdings mit nach innen weisenden Knaggen und außenliegender Kuppelleiste.

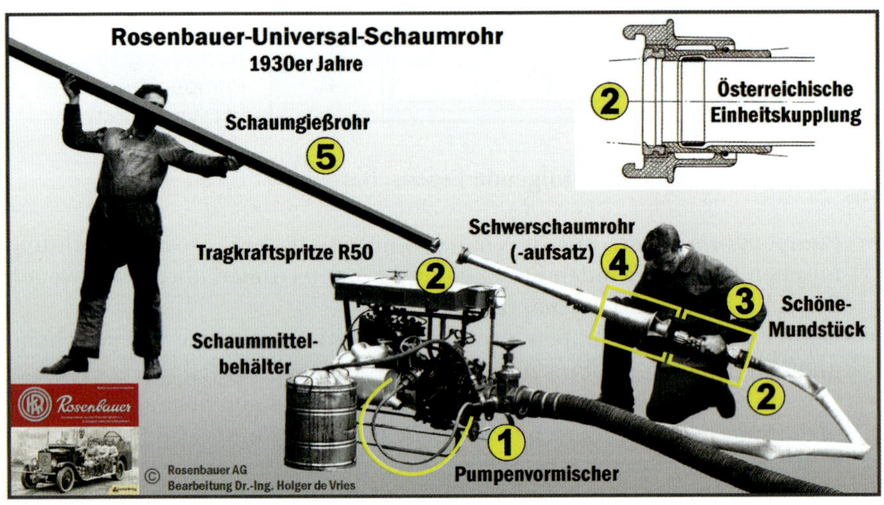

Abbildung 17: Rosenbauer Tragkraftspritze mit Pumpenvormischer [46]

Bei den heutzutage vollverkleideten Pumpenständen sind die Komponenten der Pumpenvormischer oft gar nicht mehr zu erkennen; offen sichtbar jedoch bei der Fliegerkraftspritze (Bj. 1940; Löschgruppenfahrzeug LF 15 der Luftwaffe; Aufbau und Pumpe Klöckner-Deutz, Löschwasserbehälter 200 L mit Pumpenvormischer Typ Komet-Vormischer E Type 334 (Seriennummer 30785, Total KG Foerstner & Co., Apolda-Wien-Berlin)), Einstellskala 0 bis 3 %. Je ein A-Eingangsstutzen befindet sich links und rechts unter dem Aufbau (G5 bzw. G6), 2 B-Abgänge an jeder Seite, auf dem Pumpendeckel eine Kapselschieber-Entlüftungspumpe.

Auch beim Tanklöschlöschfahrzeug TLF 25/43 (die „43“ steht hier für das Entwicklungsjahr [vgl. 47]) mit 2.250 L Wasser und 200 L Schaummittel (Nr. 1) und einer Feuerlöschkreiselpumpe mit einer Leistung von 2.500 L/min ist der Pumpenvormischer deutlich zu erkennen (Nr. 2). Für die Löschmittelabgabe gibt es drei Schnellangriffeinrichtungen mit Schwerschaumrohren (Nr. 3 und 4). Die FP 25 konnte durch zwei A-Stutzen eingespeist werden, während deutsche Fahrzeuge heute üblicherweise nur über einen A-Eingang verfügen und daher unterversorgt sind, so dass die Pumpen nicht ihre volle Leistungsfähigkeit entfalten können [48].

Abbildung 18: Fliegerkraftspritze mit Pumpenvormischer

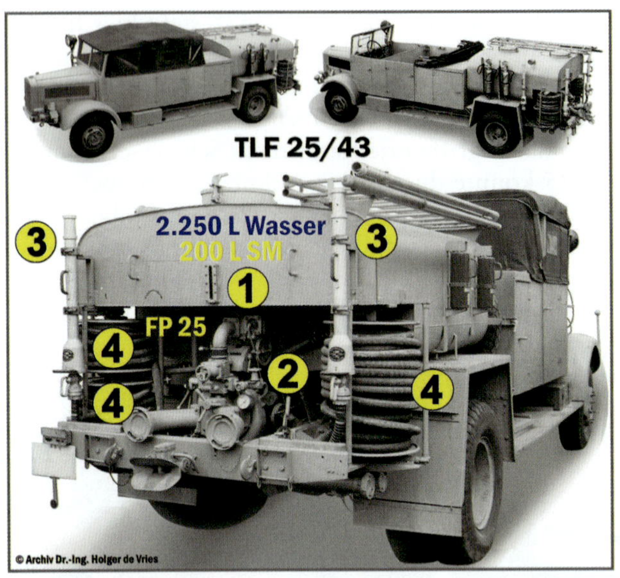

Abbildung 19: Tanklöschfahrzeug TLF 25/43

Abbildung 20: Pumpenstand eines TLF mit Pumpenvormischer

Abbildung 21: Pumpenvormischer in den ersten Generationen der LHF der Berliner Feuerwehr, die 300 L Schaummittel mitführten. Nach Kenntnis des Verfassers war die Berliner Feuerwehr die einzige große deutsche Feuerwehr, die bereits in den 1980er-Jahren auf den Löschzugfahrzeugen einheitlich festeingebaute Zumischtechnik und einen ernstzunehmenden Schaummittelvorrat mit sich führte.

Abbildung 22: Standard-LF der Feuerwehr London mit (1) Tankeinspeisung Storz A, (2) Bedienelement für den Pumpenvormischer, (3) Pumpeneingang, (4) Schaumeingang für den Zumischer und (5) Einspeisung Schaummitteltank (beide Storz C) [49]. Beachte auch das stets angekuppelte Sammelstück bei (1). Dies gilt auch für die Nachfolgegeneration der DPL ab Dezember 2016 (erkennbar am Magirus-TeamCab).

Ausführungsbeispiele sind:

Godiva RTP (round the pump)

Zumischbereich: 200 bis 400 L/min, maximaler Schaummittelvolumenstrom 240 L/min bei 1,3 oder 6% Zumischrate, siehe Abbildung 22

Rosenbauer Fix-Mix

Zumischbereich: 400 bis 4.500 L/min, einstufiger Zumischer mit Zumischraten 1 %, 3 % oder 6 %, zweistufiger Zumischer mit 1 % oder 3 %, wahlweise 3 % oder 6 %, dreistufiger Zumischer mit 1 % und 3 % und 6 %

Rosenbauer Foamatic

Zumischbereich: 400 bis 6.500 L/min, Zumischraten: von 2 % bis 8 % wählbar

Schlingmann Automatischer Pumpenvormischer APV 180

Zumischbereich: Bis 3000 L/min Wasser, maximaler Schaummittelvolumenstrom 180 L/min, Zumischrate 0%, 3% oder 6%

Ziegler Schaummittelzumischeinrichtung „ZPV“

Zumischbereich/Typen: 50, 75, 100, 150, 200, 300, 400, 500 und 600, entsprechend Volumenstrom in L/min

Ziegler Schaummittelzumischung ZPV MAD

ZPV MAD 30 für Volumenströme von 100 bis 3.000 L/min, ZPV MAD 50 für Volumenströme von 200 bis 5.000 L/min, bei Reduzierung auf 6 % bis 6.000 L/min, Zumischrate kann auf drei Werte zwischen 1 % und 8 % eingestellt werden

Ziegler Schaummittelzumischung EAD 80

Zumischbereich 100 bis 8.000 L/min, Schaummittelvolumenstrom 1 bis 700 L/min, einstellbare Zumischraten 1 % bis 8 %

Ruberg Foam System RFS 240

Zumischbereich 200 bis 4.300 L/min, Schaummittelvolumenstrom bis 240 L/min (Class A/B), Einstellbare Zumischraten 1, 3, 6 % (Genauigkeit +/–10 %), max. Betriebsdruck 16 bar

Abbildung 23: Pumpenvormischer Ruberg RFS 240 (teilmontiert)

3.3 Druckseitige Zumischung

3.3.1 Ungeregelte, zentrale und/oder dezentrale Zumischung mit Netzmittel-Kartuschen

Verschiedene Hersteller bieten Strahlrohre und/oder Adapter an, die mit Netzmittelkartuschen befüllt werden können, um zentral oder dezentral Schaum oder Netzwasser erzeugen zu können.

Am Markt werden Systeme z.B. der Firmen AWG, Scotty und TKW angeboten:

AWG Netzmittelhalter „FIRE-EX“ für Strahlrohre, das „FIRE-EX“-Pistolenstrahlrohr Größe C (Abbildung 24 Nr. 4) und der Kartuschenhalter C-C

750 g Netzmittel für 3.600 L Wasser bei einem Volumenstrom von 75 L/min bei 6 bar Druck (z.B. mit einem Strahlrohr) ergibt eine Nutzungsdauer einer

Kartusche von ca. 45 min. Dies entspricht etwa einer Dosierrate von etwa 0,02 %. Der Druckverlust des Kartuschenhalters C-C liegt bei einem Volumenstrom von 500 L/min bei etwa 0,8 bar, bei 1.000 L/min bei etwa 3,5 bar. Das Datenblatt [50] gibt keine Angabe über die angeschlossenen C-Schläuche.

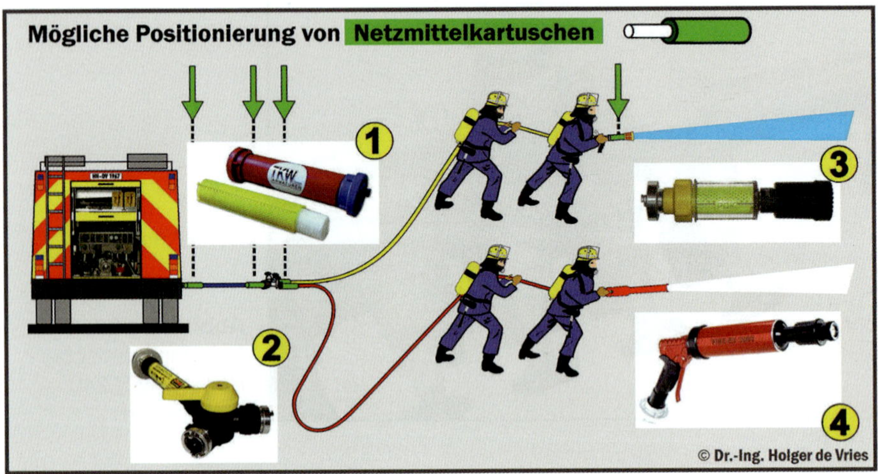

Abbildung 24: Mögliche Positionierung von Netzmittelkartuschen

„FOAM FAST"-Produkte der Fa. Scotty

Die Fa. Scotty aus Kanada bietet eine breite Palette vom Netzmittelhalterungen, Zumischern, Verteilern und Strahlrohren vorwiegend aus technischen Kunststoffen ab einem Durchmesser von ¾ bis 1-½ Zoll an (siehe Abbildung 25). Die Scotty FOAM-FAST-Zumischer sind Netzmittelzumischer für Scotty Feststoffkartuschen. Sie werden mit einer 12"-FOAM-FAST-Netzmittelkartusche bestückt und liefern Netzwasser für ca. 30 Minuten bei einem Volumenstrom von 50 bis 200 L/min.

Durch die Kombination eines Kartuschenhalters mit einem speziellen Verteiler (Eingang C, Ausgang 2 x D) ist es möglich, einen oder beide D-Abgänge zu beschicken oder „Wasser Halt" zu geben (Abbildung 24 Nr. 2).

Der Zumischer kann bis zu einem Druck von maximal 10 bar betrieben werden. Der Zumischer eignet sich für den Einsatz bei der Wald- und Vegetationsbekämpfung, bei Einsätzen von Stroh- oder Wertstoffmüll-Bränden und auch bei Nachlöscharbeiten bei Dachstuhlbränden und dergleichen. Das Kunststoffgehäuse wird nach dem Einsatz gespült. Die restliche Netzmittelkartusche wird entwässert und kann für den nächsten Einsatz genutzt werden. Das Netzwasser aus FOAM-FAST-Kartuschen ist vollständig biologisch abbaubar.

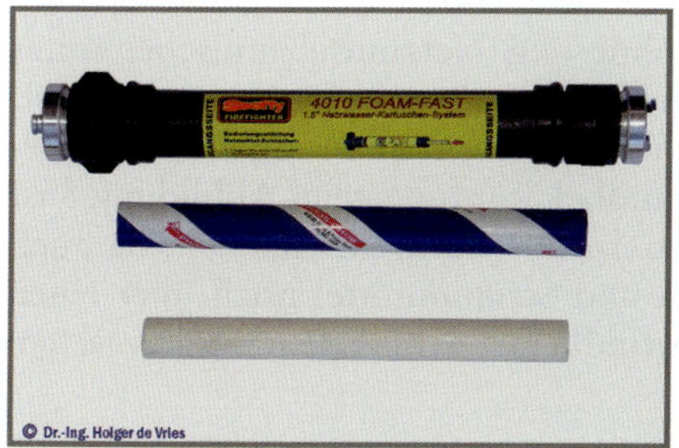

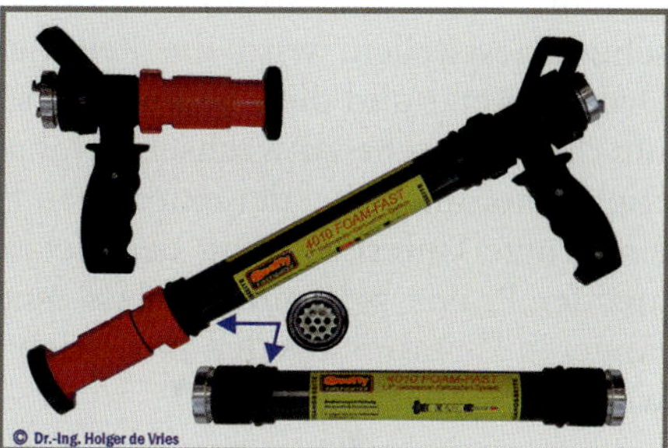

Abbildung 25: Netzmittelprodukte der Fa. Scotty

„FIRE-EX"-Produkte der Fa. TKW

Der Netzmittelbehälter der Fa. TKW ist in der Größe C für einen Volumenstrom von maximal 500 L/min und in der Größe B für einen Volumenstrom von maximal 1.500 L/min ausgelegt (siehe Abbildung 24 Nr. 1 und Abbildung 26). Eine Kartusche reicht für ca. 3.000 bis 3.500 Liter Wasser. Des Weiteren wird eine Beimischarmatur angeboten, mit der durch einen Hebel die Betriebsart von „Netzwasser" zu „Wasser" umgeschaltet werden kann, z.B. um eine neue Netzmittel-Patrone nachzuladen. Ebenfalls gibt es entsprechend gestaltete C- und D-Strahlrohre (siehe z.B. Abbildung 24 Nr. 3).

Abbildung 26: Netzmittelkartusche der Fa. TKW in der Größe B

Dem Problem des Nachladens von Netzmittelpatronen kann auch durch die Verwendung eines BB-Verteilers begegnet werden, wie in Abbildung 27 dargestellt. Wenn die Strahlrohrführer ein Nachlassen der Netzmittelzumischung feststellen, wird die Leitung ohne den Netzmittelzumischer unter Druck gesetzt und die Leitung mit dem Netzmittelzumischer druckentlastet, um die Kartusche zu wechseln. Danach wird die erste Leitung wieder in Betrieb genommen. Bei der extensiven Brandbekämpfung gem. Abbildung 8 ist eine kurze Unterbrechung der Netzmittelzumischung unerheblich, da auch aus der Praxis bekannt ist, dass Netz- und Schaummittel noch über einen längeren Zeitaum aus den in Betrieb befindlichen Schläuchen ausgewaschen werden.

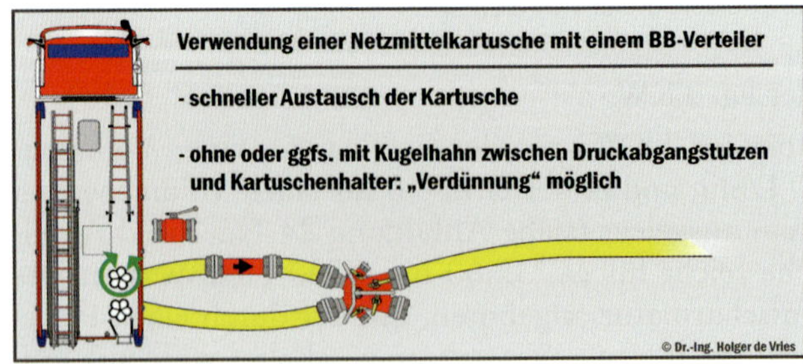

Abbildung 27: Verwendung einer Netzmittelkartusche mit einem BB-Verteiler

3.3.2 Manuell geregelte Zumischung

3.3.2.1 Zumischer ohne Umlaufkanal (eductors)

Diese Zumischer sind die Vorläufer der heutigen Z-Zumischer und werden für den mobilen Einsatz in Deutschland und Europa – bis auf den PRO/pak (Abbildung 32) – kaum vertrieben. In den USA werden diese Zumischer mit fest eingestellter Zumischrate von 1, 3 oder 6 % oder mit regelbarer Zumischung von 0 bis 3 % oder 0 bis 6 % angeboten und eingesetzt. Sie werden auch in stationäre Löschanlagen eingebaut.

Ein Zumischer ohne Umlaufkanal besteht aus einer Wasserzuleitung, einer konischen Treibdüse, einer konischen Fangdüse und einem Wasserauslauf. Die Treibdüse wird oft auch als Venturi-Düse bezeichnet. Zwischen Treibdüse und Fangdüse befindet sich der regelbare Zulauf für das Schaummittel. Der Querschnitt der Treibdüse verringert sich bis zu ihrem Ende. Die Fließgeschwindigkeit des Wassers nimmt entsprechend der Querschnittsverringerung zu, wenn Wasser durch die Treibdüse gefördert wird. Dadurch steigt der dynamische Druck des Wassers und sein statischer Druck nimmt ab. Im Ansaugraum entsteht ein Unterdruck, durch den das Schaummittel aus dem Schaummittelbehälter angesaugt und dem Wasserstrom zugemischt wird.

Damit der Zumischer funktioniert, muss die Fließgeschwindigkeit des Wassers so hoch sein, dass zwischen Treib- und Fangdüse ein Unterdruck erzeugt wird. Mit zunehmender Höhe, z.B. im Gebirge, sinkt der maximal erreichbare Unterdruck. Wenn der erzeugte Unterdruck genau so groß ist wie der Umgebungsluftdruck, kann das Schaummittel durch einen Ansaugschlauch, die Dosiereinrichtung und in die Fangdüse fließen. Der Unterdruck bewirkt das gleiche, wie das Entlüften einer Saugleitung bei Wasserentnahme aus einem offenen Gewässer. Die Fangdüse erweitert sich bis zum Wasseraustritt. Dadurch nimmt die Fließgeschwindigkeit des Wassers wieder ab. Dieser statische Druck verringert sich entsprechend und der dynamische Druck nimmt zu. Diese Druck- und Strömungsgeschwindigkeiten werden nicht verlustfrei durchlaufen. Bei einem Unterdruck von 1.013,5 mbar (dem mittleren Luftdruck) können nur zwischen 40 und 75 % des Eingangsdruckes erreicht werden.

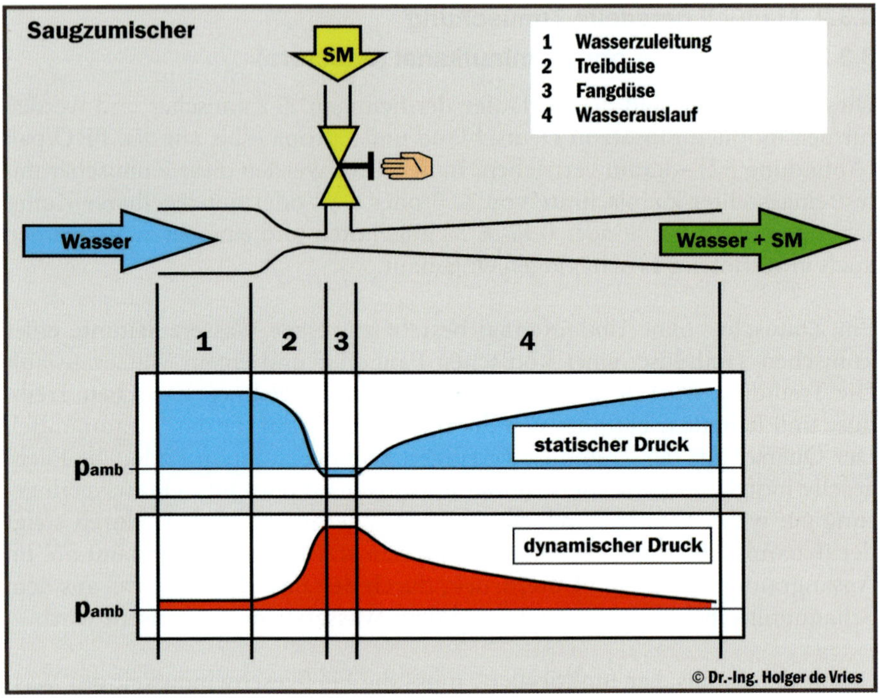
Saugzumischer
SM
1 Wasserzuleitung
2 Treibdüse
3 Fangdüse
4 Wasserauslauf
Wasser
Wasser + SM
1
2
3
4
statischer Druck
dynamischer Druck
pamb
pamb
© Dr.-Ing. Holger de Vries

Abbildung 28: Druckverhältnisse im Zumischer ohne Umlaufkanal

Chubb FBU-5X
Angus Fire
Uniductor 225
HI-COMBAT
ANGUS FIRE
© Dr.-Ing. Holger de Vries
© Dr.-Ing. Holger de Vries

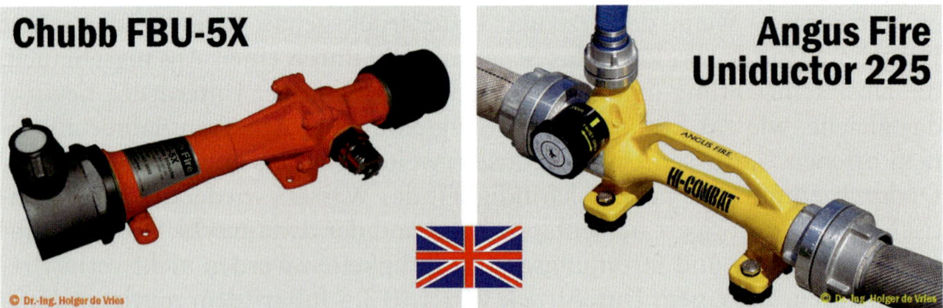

Abbildung 29: Zumischer ohne Umlaufkanal der Fa. Chubb (links) und der Fa. Angus Fire (rechts)

■ Betrieb von D-Leitungen mit Zumischern kleiner als Z2

Die Firmen AWG, POK und TIPSA (und vermutlich auch andere) bieten „Kleinzumischer“ ohne Umlaufkanal an, die eigentlich für den Einbau in stationären Anlagen und Fahrzeugen gedacht sind, aber auch mobil verwendet werden können. Zu Messungen wurde das Hohlstrahlrohr vom Typ „OptraPons 150 R“ mit einer Volumenstromeinstellung von 150 L/min (hydraulisches Äquivalent von zwischen 7 und 10 mm) mit einer Eingangskupplung Größe D nach 50 Meter D-Leitung verwendet. Es wurde bewusst ein nominell leicht „zu großes“ Strahlrohr verwendet, um sicherzustellen, dass der für eine Zumischung erforderliche Mindest-Volumenstrom von 100 L/min erreicht wird. Die Zumischraten wurden volumetrisch für 3 und 6 % Zumischrate überprüft, vgl. [51]. Bei 50 Meter langem D-Schlauch kann mit dem verwendeten oder gleichartigen Strahlrohren bei 5 bar Eingangsdruck ein Volumenstrom von 65 bis 92 L/min dargestellt werden, bei 10 bar Eingangsdruck kann ein Volumenstrom von 105 bis 156 L/min dargestellt werden, letzterer entspricht dem Volumenstrom eines C-Rohres nach DIN. Mit Reichweiten von jeweils über 10 Metern ist sichergestellt, dass auch im Innenangriff Räume „üblicher Größe“ bestrichen werden können.

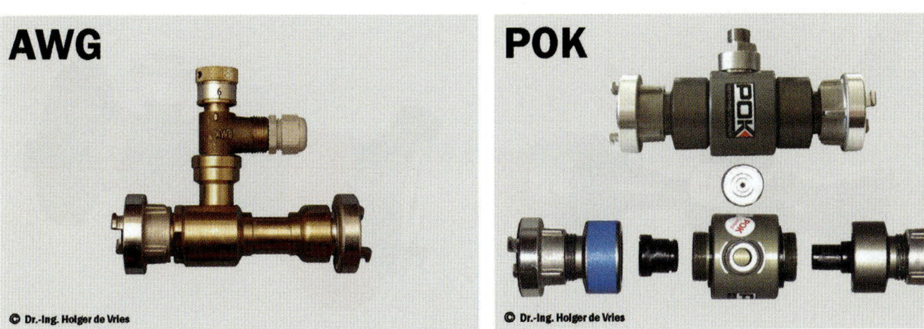

Abbildung 30: Zumischer Z1 D-D der Fa. AWG (100 L/min) und Zumischer der Fa. POK, kalibriert auf 120 bzw. 150 L/min

■ „AB-Zumischer“ von TFT

Der „AB-Zumischer“ ist ein Injektor-Zumischer für Zumischraten von 0,25 % bis 6 % mit eingebautem Spülsystem und ist in vier Größen (225 L/min bei 10 bar mit C-Kupplung, 450 L/min bei 10 bar mit B-Kupplung, 1.000 L/min bei 10 bar und 1.500 L/min bei 10 bar mit A-Kupplung) erhältlich. Durch ein integriertes Spülsystems ist es nach Angaben des Herstellers nicht erforderlich, den Zumischerkopf und das Ansaugrohr zu demontieren oder klares Wasser zur Spülung anzusaugen. Über das Betätigen eines Druckknopfs am Kopf des Zumischkopfes kann der Zumischer bei reduziertem Eingangsdruck gespült werden. Die Eingangskupplung des Zumischers ist drehbar, ein Einsatz direkt am B-Druckabgang des Löschfahrzeuges ist ebenso möglich wie der Einsatz in der Löschwasserstrecke. Nach dem Zumischer sollen max. drei Längen Schlauch (45 m) bis zum Schaumrohr verlegt werden. Eine Schaumförderung über eine Drehleiter ist möglich. Der Zumischer besteht bei 1,6 kg Gewicht aus hart anodisiertem Aluminium, das Ansaugrohr besteht aus Edelstahl, verbunden mit einem Ansaugschlauch aus Kunststoff. Sechs Einstellpositionen: („OFF“ und 5 Zumischraten: 0,25 – 0,5 – 1 – 3 und 6 %).

Abbildung 31: „AB-Zumischer“ von TFT „Zumischer Feindosierung“ von AWG

Tabelle 4: Einsatzbereiche des TFT-AB-Zumischers

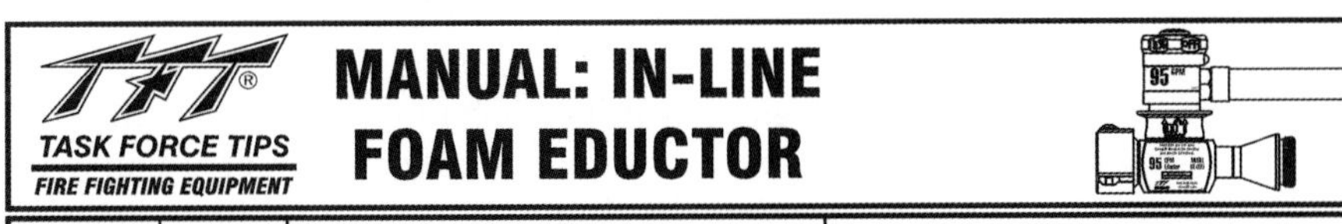

nomineller Volumenstrom [L/min]	Schlauchdurchmesser [mm]	3 % bis 6 % Zumischung				bis 1 % Zumischung			
		7 bar Strahlrohrdruck		5 bar Strahlrohrdruck		7 bar Strahlrohrdruck		5 bar Strahlrohrdruck	
		max. Länge [m]	max. Höhe [m]	max. Länge [m]	max. Höhe [m]	max. Länge [m]	max. Höhe [m]	max. Länge [m]	max. Höhe [m]
230	38	90	3	185	3	140	3	245	3
		30	15	120	15	75	15	185	15
		—	—	45	30	—	—	90	30
	45	140	3	275	3	215	3	365	3
		45	15	185	15	120	15	275	15
		—	—	75	30	—	—	150	30
360	38	30	3	60	3	45	3	90	3
		—	—	45	15	30	15	60	15
		—	—	—	—	—	—	30	30
	45	60	3	105	3	90	3	140	3
		—	—	75	15	45	15	105	15
		—	—	30	30	—	—	60	30
475	45	30	3	60	3	45	3	75	3
		—	—	45	15	30	15	60	15
		—	—	—	—	—	—	30	30
	50	60	3	120	3	105	3	170	3
		30	15	75	15	60	15	120	15
		—	—	30	30	—	—	75	30

■ „Zumischer Feindosierung“ von AWG

Der „Zumischer Feindosierung“ von AWG ist komplett drehbar auf seinem Untergestell gelagert. Er ist in den Größen Z2 und Z4, jeweils mit C- bzw. B-Kupplungen erhältlich. Folgende Zumischraten sind einstellbar: 0 – 0,1 – 0,2 – 0,5 – 1 – 2 – 3 – 4 – 6 %.

■ Tragbarer Venturi-Zumischer „PRO/pak“

Der „PRO/pak“-Zumischer der Fa. Task Force Tips ist ein tragbares Gerät und besteht aus einem Venturi-Element (ohne Umlaufkanal), das in einen Schaummittel-Kanister integriert ist (Abbildung 32). Er kann mit einem Schultergurt getragen werden und eignet sich insbesondere für Kleinbrände und Nachlöscharbeiten. Bei den von deutschen Feuerwehren üblicherweise verwendeten Förderdrücken von 5 bis 8 bar hat der „PRO/pak" einen Volumenstrom von ca. 40 bis 50 L/min. Dieser Zumischer ist für Kleinbrände konzipiert, bei denen Ungenauigkeiten in der Schaummittelzumischung im Rahmen seiner begrenzten Anwendungsmöglichkeiten vernachlässigt werden können. Der Zumischer ermöglicht Zumischraten von 0 bis 1 %, 3 % und 6 % bei einen maximalen Volumenstrom von ca. 100 L/min.

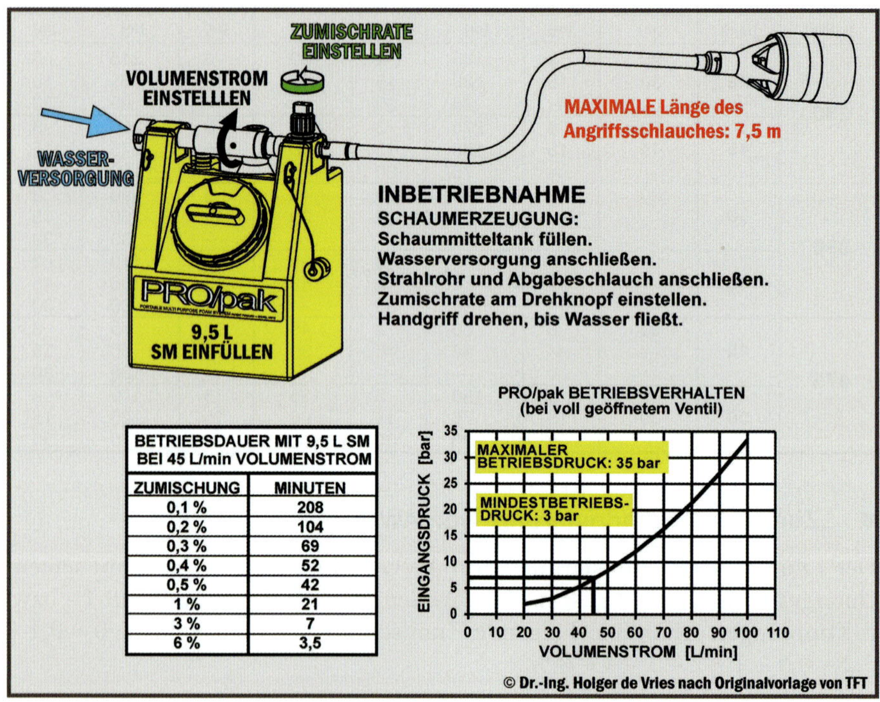

BETRIEBSDAUER MIT 9,5 L SM BEI 45 L/min VOLUMENSTROM	
ZUMISCHUNG	MINUTEN
0,1 %	208
0,2 %	104
0,3 %	69
0,4 %	52
0,5 %	42
1 %	21
3 %	7
6 %	3,5

Abbildung 32: Tragbarer Venturi-Zumischer „PRO/pak" [52]

■ Zumischer „Ruberg Foam Injector 150"

Der Zumischer „Foam Injector 150" der schwedischen Fa. Ruberg [53] ist ein Zumischer ohne Umlaufkanal für den festen Einbau in Fahrzeuge und Löschanlagen. Der Zumischer kann nach Kundenwunsch für bestimmte Zumischraten – auch kleiner als 1 % – und Volumenströme kalibriert werden. Es kann aber werksmäßig immer nur ein Volumenstrom eingestellt werden (d.h. der Zumischer dosiert dann nur z.B. bei 200 L/min in der richtigen Konzentration).

Abbildung 33: Dänisches LF mit Class-A-Foam und Ruberg-Zumischer. Das Bedienteil des Zumischers ist an der linken Wand des GR zu erkennen.

■ Selbstansaugende Schaumrohre, insbesondere für Werfer

Streng genommen gehören hierzu auch die sogenannten „Schaumpistolen" mit angeschlossenen 1-L- oder 2-L-Schaummittel-Weithalsflaschen aus Kunststoff, die ob ihres geringen Wirkungsradius hier aber nicht weiter behandelt werden. In selbstansaugende Schaumrohre ist ein Venturi-Element zum Ansaugen des Schaummittels eingebaut. Deshalb ist kein Zumischer für die Schaumerzeugung erforderlich. Die Strahlrohre werden üblicherweise mit Volumenstrommengen ab 1.000 L/min als Schaumwerfer in tragbaren oder fest installierten Ausführungen verwendet. Es gibt auch selbstansaugende Hohlstrahlrohre mit Schaumvorsatz. Der Vorteil dieser Werfer ist: Funktioniert ein Werfer nicht, dann funktioniert eben nur ein Werfer nicht. Funktioniert eine elektronische Druckzumischanlage nicht, dann kann – selbst erlebt – eventuell nicht einmal mehr Wasser von diesem Fahrzeug abgegeben werden. Für die Beschaffungskosten einer DZA kann übrigens eine zweistellige Anzahl von Werfern beschafft werden.

Abbildung 34: Einpersonenwerfer verschiedener Hersteller

Ebenso wie die Strahlrohre sind die Wasserwerfer bzw. Monitore seit dem Jahr 2008 europäisch genormt [54; 55; 56]. Die drei Teile von DIN EN 15767 ersetzen die jeweiligen nationalen Normen. Ein Werfer ist eine Zusammenstellung aus einer „Bodengruppe" inkl. des Werfers an sich und einer Düse, wobei es sich um eine Düse für die Abgabe von Wasser mit oder ohne Löschwasserzusätzen oder um eine „echte" Schaumdüse handeln kann. Dementsprechend besteht die Norm aus drei Teilen: Teil 1 enthält allgemeine Anforderungen, Teil 2 Anforderungen an die Düsen (außer reinen Schaumdüsen/Schaumrohren) und Teil 3 Anforderungen an Schaumrohre für Werfer. Teil 1 beinhaltet somit Leistungsanforderungen, Sicherheitsanforderungen und Prüfverfahren, den Inhalt und die Form der Benutzeranweisung einschließlich Instandhaltungsanweisungen, die Klassifizierung und Bezeichnung und die Kennzeichnung. Die allgemeinen Anforderungen gelten auch für Werfer, die zwar üblicherweise am Fahrzeugaufbau befestigt sind, aber auch abgesessen eingesetzt werden können (siehe auch Abbildung 38). Weitere Details siehe in [57].

Einpersonenwerfer (EPW) können – in Grenzen – den „dritten Trupp" eines mit einer Staffel besetzten Löschgrupppenfahrzeugs (Tagesalarm!) kompensieren. Mit ihnen ist es möglich, vergleichsweise schnell das zu erreichen, wofür früher ein Trupp mit B-Rohr und Stützkrümmer längerfristig gebunden wurde. Gleichwohl sind sie relativ schnell zu versetzen, wenn sie nur mit einer B-Leitung versorgt werden.

Um sie redundant mit Wasser zu versorgen und um ihre Stabilität zu verbessern, können die auch mit den aus „Trinkwasserschutzgründen" auf der Wasserversorgungsseite nicht mehr zu verwendenden Sammelstücke A-2B aufgebraucht werden. Diese sollten dann verwechslungssicher gekennzeichnet werden, z.B. durch Lackierung in einer „feuerwehrunüblichen" Farbe wie Hellgelb, Pink, Hellgrün oder dergleichen.

Die dargestellten Werfer können bei einem Volumenstrom von ca. 1.000 L/min entweder zusammen mit einem Zumischer Z8 in der B-Leitung oder mit einem selbstansaugenden Hohl- oder Schaumstrahlrohr bzw. Schaumaufsatz betrieben werden. Für den Einpersonenwerfer „RAM" der Fa. Elkhart Brass in Abbildung 34 unten links sind das selbstansaugende Hohlstrahlrohr und der zugehörige Schaumaufsatz beispielhaft dargestellt. Andere Hersteller bieten entsprechende Produkte an.

Bei einem Volumenstrom des Werfers von 1.000 L/min und einer Zumischrate von 3 % werden 30 L/min Schaummittel entnommen. Bei 1.000 L Schaummittel in einem IBC reicht der Schaummittelvorrat für rund 30 Minuten. Es werden 60.000 L Wasser-Schaummittel-Gemisch erzeugt. Mit einer Verschäumungszahl von 5 ergibt dies 300.000 L bzw. 300 m^3 Schwerschaum. Bei einer Schaumhöhe von 5 cm kann somit eine Fläche von $A = 300\ m^3 / 0{,}05\ m^2 = 6.000\ m^2$ bedeckt werden. Dies entspricht einer quadratischen Fläche mit einer Kantenlänge von 77 m.

Alternativ zum in Abbildung 4 abgebildeten handelsüblichen Anhänger können Schaummittel-IBC auf dafür speziell gestalteten Anhängern transportiert werden. Diese sind üblicherweise mit einem entsprechenden Werfer ausgestattet (siehe Abbildung 36 und Abbildung 37). Es ist vorteilhaft, wenn die Werfer abgenommen und auch mit Bodenlafetten betrieben werden können, Abbildung 38 zeigt ein Ausführungsbeispiel eines Fahrzeugwerfers.

Abbildung 35:
Selbstansaugende Schaumrohre (wie auch Z-Zumischer) können durch formstabile Schläuche mit Schaummittel versorgt werden, siehe auch [1]

Abbildung 36: Anhänger mit einem Schaummittel-IBC und Werfer mit selbstansaugenden Rohren, Beispielausführungen der Fa. Hawkes Fire und CET

Abbildung 37: Anhänger mit zwei Schaummittel-IBC und Werfer mit selbstansaugendem Rohr in Betrieb

Abbildung 38: Abnehmbarer Fahrzeugwerfer mit Bodenlafette; Volumenstrom 1.800 L/min bei 8 bar

3.3.2.2 Zumischer mit Umlaufkanal – Z-Zumischer (by-pass eductors)

Die Z-Zumischer sind eine Weiterentwicklung der im vorigen Abschnitt beschriebenen Zumischer ohne Umlaufkanal. Nur bis zur Einführung des „Einheitszumischers [19]43“ war der Umlaufkanal an der Form des Gehäuses zu erkennen [Brunswig]. Diese „Komet“-Zumischer verfügten noch nicht über eine Dosiereinrichtung, bei der die Zumischrate wie heute mittels eines Handrades an der Seite des Gehäuses eingestellt wird. Die Zumischrate betrug 1,5 %. Am Eingang des Umlaufkanals ist dazu ein unsymmetrischer Konus angebracht, mit dem der Umlaufkanal geöffnet oder geschlossen wird, wenn der Wahlhebel auf den auf der Skala angegebenen Typ des Schaumrohres eingestellt wird. Das Schaummittel tritt bei diesen Zumischern seitlich in den Ansaugraum ein. Diese Zumischer können Druck- und Strömungsschwankungen in der Löschwasserversorgung innerhalb gewisser Grenzen ausgleichen.

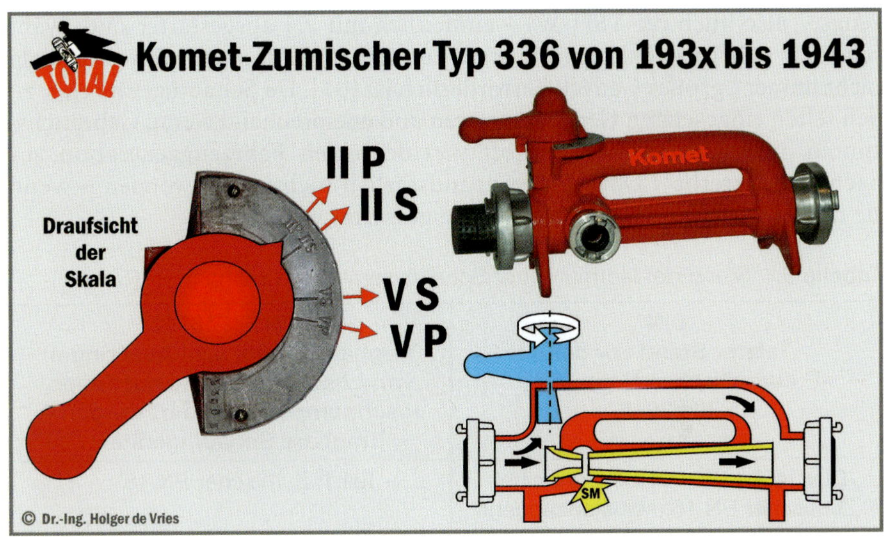

Abbildung 39: „Komet"-Zumischer mit Umlaufkanal für 1,5 % Zumischung (historisch)

Seit den ersten „Komet"-Zumischern aus den 1930er-Jahren, den „Einheitszumischern" aus den 1940er-Jahren [58] und der ersten genormten Zumischern nach DIN 14384 [59] (West) oder TGL (Ost) der 1960er sind diese Geräte seit 2015 in den in Tabelle 4 angegebenen Größen europäisch genormt. Nicht nur formal, sondern auch technologisch sind heute – je nach Hersteller – Schaumgeräte der 4. bzw. 5. Generation am Markt. Während es früher – auch aufgrund der verwendeten Schaummittel, wie z.B. dickflüssige Proteinschaummittel – häufig zu Problemen mit dessen Ansaugung kam, so ist dies mit modernen Z-Zumischern und Mehrbereichschaummitteln kein Problem mehr, auch nicht mit strukturviskosen fluorfreien Schaummitteln bei niedrigen Temperaturen.

Zur Schaumerzeugung sind deutsche Löschfahrzeuge nach Norm oder als Zusatzbeladung mit Zumischern (Z2 für TSF(-W), Z4 für Löschgruppenfahrzeuge, Z4 und oder Z8 für TLF; je nach Ausgabedatum der Norm) und mit entsprechenden Schwer- und/oder Mittelschaumrohren ausgestattet [60]. Gleichwohl gibt es z.B. auch Feuerwehren, bei denen alle Löschfahrzeuge – also auch die TSF(-W) – einheitlich mit Z4 ausgestattet sind, während auf größeren Fahrzeugen auch zusätzlich Z2 mitgeführt werden, da nicht immer „großes Gedeck“ erforderlich ist [61]. Da Schaumgeräte eher zu den selten eingesetzten Geräten gehören und entsprechend wenig Gebrauchsspuren ausweisen, werden sie oft von der einen Fahrzeuggeneration zur nächsten „vererbt“. Dagegen ist grundsätzlich nichts einzuwenden – wenn sie denn funktionieren und regelmäßig gewartet werden.

Tabelle 5: Stand der Normung der Schaumgeräte vor und nach 2015

DIN letzter Stand vor der europäischen Normung bis 2015	**DIN EN 16712 Tragbare Geräte zum Ausbringen von Löschmitteln, die mit Feuerlöschpumpen gefördert werden – Tragbare Schaumgeräte ...**
DIN 14384:2011-01 Schaummittel-Zumischer PN 16, selbstansaugend	... – Teil 1: Zumischer PN 16
DIN 14819:2011-01 D-Ansaugschlauch für Löschmittelzusätze	... – Teil 2: Ansaugschlauch
DIN 14366:2011-01 Tragbare Schaumstrahlrohre PN 16	... – Teil 3: Schwer- und Mittelschaumstrahlrohre PN 16
keine	... – Teil 4: Leichtschaumerzeuger

Im Zuge der europäischen Normung ist seit 2015 auch die in Tabelle 6 dargestellte Kennzeichnung des Volumenstromes der am weitesten verbreiteten Schaumgeräte mit Volumenströmen von 200, 400 bzw. 800 L/min festgelegt worden. Es wird empfohlen, diese Kennzeichnungen auch nachträglich an den jeweiligen Geräten anzubringen. Sofern die Kennzeichnungsfarbe derjenigen der Armatur entsprechen würde (z.B. rote Banderole auf Z4), so kann sie entfallen. In die letzte veröffentlichte Fassung von DIN 14384:2011–01 Schaummittel-Zumischer PN 16, selbstansaugend, wurden auf Anwenderwunsch auch Zumischer mit einem Volumenstrom von unter 200 L/min in die Norm aufgenommen. Dies ist in die Euronorm übernommen worden: Das Gesamtspektrum reicht nun vom Z0,5 bis zum Z8 mit Zumischraten im Bereich zwischen 0,1 % bis 6 %.

Zumischer, die bei ihrem Nennvolumen die Zumischraten im Bereich von 0,1 bis 6 Prozent nicht abdecken, erfüllen nicht die Anforderungen von DIN 16791.

Tabelle 6: Genormte Zumischer und deren farbliche Kennzeichnungen

Nomineller Volumenstrom nach EN [L/min]	Anschlusskupplung nach DIN 14384 [bis 2015]	Kennzeichnungsfarbe (Banderole o. Ä.) nach EN
200	C	Gelb
400	B	Rot
800	B	Blau

Beim Z-Zumischer fließt das Löschwasser zuerst in eine Treibdüse. Der Querschnitt der Treibdüse verringert sich bis zu ihrem Ende. Die Fließgeschwindigkeit des Wassers nimmt entsprechend der Querschnittsverringerung zu. Dadurch steigt der dynamische Druck des Wassers und sein statischer Druck nimmt ab. Zwischen Treibdüse und Fangdüse befindet sich der einstellbare Zulauf für das Schaummittel, der in den Ansaugraum mündet. Damit der Zumischer funktioniert, muss die Fließgeschwindigkeit des Wassers so hoch sein, dass zwischen Treib- und Fangdüse ein Unterdruck erzeugt wird. Das Schaummittel fließt dann durch den Ansaugschlauch, die Dosiereinrichtung und in die Fangdüse. Die Fangdüse erweitert sich bis zum Wasseraustritt. Dadurch nimmt die Fließgeschwindigkeit des Wassers wieder ab. Der statische Druck verringert sich entsprechend und der dynamische Druck nimmt zu. Diese Änderungen des Drucks und der Strömungsgeschwindigkeiten werden nicht verlustfrei durchlaufen, der Druckverlust in einem Z-Zumischer durfte nach DIN bis zu 38 % und nach EN bis zu 35 % betragen. Mit zunehmender barometrischer Höhe, z.B. im Gebirge, sinkt der maximal erreichbare Unterdruck [62].

Die Größe der Öffnung zum Umlaufkanal des Z-Zumischers wird durch ein feder- oder membrangesteuertes Ventil schwankendem Wasservolumenstrom oder Förderdruck – innerhalb gewisser Grenzen – angepasst. Das Ventil öffnet oder schließt den Umlaufkanal je nach Druck bzw. Wasservolumenstrom: Bei geringem Eingangsdruck schließt das Ventil, so dass der Wasserstrom durch den Umlaufkanal verringert wird und der Volumenstrom an der Treibdüse ausreicht, um Schaummittel anzusaugen. Wird der Eingangsdruck am Zumischer bei bereits geschlossenem Ventil weiter verringert, kann kein Schaummittel mehr angesaugt werden. Bei erhöhtem Eingangsdruck öffnet sich das Ventil und der Eingang zum Umlaufkanal wird geöffnet. Bei zu hohem Eingangsdruck und vollständig geöffnetem Umlaufkanal kann der überschüssige Wasserstrom nicht mehr um Treib- und Fangdüse geleitet werden. Dies führt zu überhöhter Fließgeschwindigkeit in der Treibdüse und zu Turbulenzen, so dass kein Schaummittel angesaugt wird. Innerhalb welcher Druck- und Volumenstrombereiche ein Zumischer eingesetzt werden kann und wie genau er innerhalb dieser Bereiche zumischt, ist vom Hersteller und vom Typ abhängig.

Betrachtet man Venturi-Zumischer ohne Umlaufkanal für die Feuerwehren, wie sie z.B. in den USA oder in Großbritannien (siehe Abbildung 29) oder für mehrere tausend Liter pro Minute in stationären Löschanlagen verwendet werden, so sind die Ausgleichsventile in Z-Zumischern eigentlich entbehrlich. Sie verringern im Arbeitspunkt zwar den Druckverlust. Tatsächlich können sie aber unbemerkt bei Druckstößen, z.B. beim ruckartigen Öffnen von Ventilen beim Befüllen einer Angriffsleitung beschädigt werden, so dass der Zumischer dann eventuell überhaupt nicht mehr zumischt. Die Beschädigung ist nur durch Zerlegen des Zumischers zu erkennen – dass Zumischer bei der Jahresprüfung routinemäßig geöffnet werden, ist nach einer nichtrepräsentativen Umfrage des Verfassers bei Gerätewarten nicht üblich. Wie viele „zerschossene“ Zumischer erst im Einsatz (zur Übung wird ja selten wirklich Schaummittel angesaugt) als nicht funktionstüchtig „entlarvt“ werden, muss dahingestellt bleiben.

Der Volumenstrom der angeschlossenen Löschmittelauswurfvorrichtungen (LAV) und der des Zumischers müssen aufeinander abgestimmt werden. Dies gilt auch für automatische Strahlrohre, deren Mündungsöffnung sich zwar dem Wasserförderdruck, nicht jedoch dem Volumenstrom anpasst. Zumischer benötigen einen Eingangsdruck von mindestens 7 bar, Pumpendrücke um 10 bar haben sich in der Praxis bewährt. Ist der Eingangsdruck zu gering, sinkt auch der Volumenstrom im Zumischer. Dadurch wird zwischen

Treib- und Fangdüse kein ausreichender Unterdruck erzeugt, um Schaummittel anzusaugen. Das Gleiche tritt auf, wenn der Strahlrohrführer den Volumenstrom des Strahlrohres drosselt. Der Eingangsdruck am Zumischer bleibt zwar konstant, der Volumenstrom reicht jedoch nicht mehr für das Fördern von Schaummittel aus.

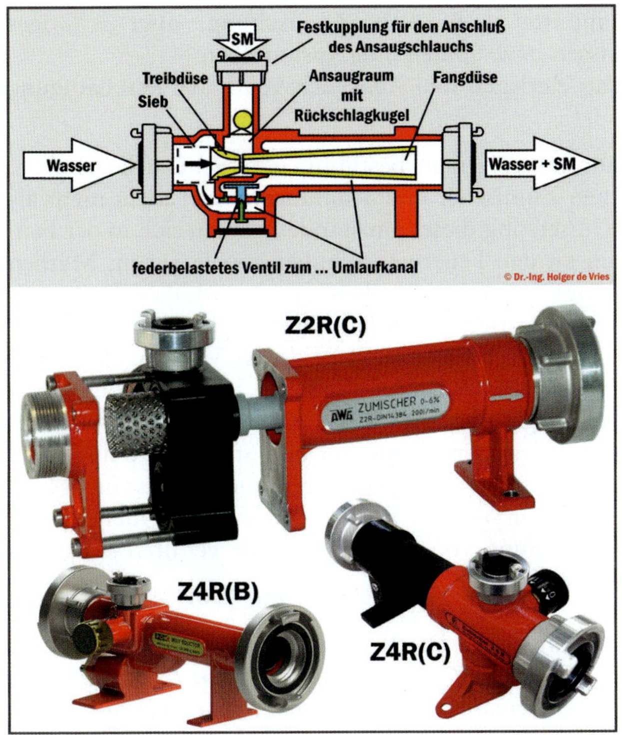

Abbildung 40: Aktuelle Bauformen der Fa. AWG, POK/ TKW und Kindswater (nicht maßstäblich)

Übliche Probleme bei der Verwendung von Z-Zumischern und deren Lösungsmöglichkeiten sind:

- Fremdkörper im Zumischer oder im Schaumrohr: Entfernen
- Verkleben des Zumischers oder anderer Armaturen: Spülen, ggf. anderes Schaummittel verwenden

- Falscher (zu viel/zu wenig) Pumpendruck: Einstellen (erhöhen/verringern)
- Volumenstrom von Zumischer und Schaumrohre nicht aufeinander abgestimmt: Prüfen, ggf. anpassen (z.B. 2 Schaumrohre M 4 an einem Zumischer Z 8)
- Schaummittel wurde in unzulässiger Weise vermischt (kann dann z.B. ausflocken): Austauschen und Spülen
- Ungeeignetes Schaummittel (z.B. 1 % Zumischung, aber 6 %-iges Schaummittel): Anpassen bzw. Spülen und Austauschen
- Funktioniert gar nicht: Zerlegen und Ausgleichsventil auf Beschädigung überprüfen

Z-Zumischer können nur bis zu einem bestimmten Gegendruck arbeiten. Der Druckverlust zwischen Zumischer und Schaumrohr darf nicht mehr als 2 bar betragen. Um die Umsetzung dieses Umstandes ranken sich in der Feuerwehr – und leider auch an den Feuerwehrschulen – viele Sagen, Mythen und Legenden [63]. Es fängt damit an, dass behauptet wird, dass Z4-Zumischer nicht mit C-Leitungen betrieben werden könnten. Dies ist nicht korrekt, wie der Literatur [57, dort Tabelle 3] und eigenen Messungen (Abbildung 43) zu entnehmen ist. Des Weiteren findet sich in den deutschen Lehrunterlagen fast durchgängig die Formulierung, dass wegen des Druckverlustes bzw. Gegendrucks zwischen Zumischer und Strahlrohre nur „eine bis zwei Schlauchlängen" gekuppelt werden dürften. Auch dies ist nicht korrekt: Offensichtlich werden hier seit den 1940er-Jahren ohne Quellenangaben oder gar eigene Überprüfung von Autor zu Autor veraltete Angaben übernommen. Ein Beispiel [64]:

„Wo wird der Zumischer eingebaut? Da der Druck [müsste heißen: Druckverlust oder Druckabfall] zwischen Zumischer und Schaumstrahlrohr 2 bar nicht überschreiten darf, zweckmäßig vor der letzten Schlauchlänge, 15 bis 20 m vor dem Schaumstrahlrohr einkuppeln und auch dort den Schaummittelbehälter aufstellen." [65]

Laut der Ausbildungsanleitung von Heimberg-Fuchs wird „der Zumischer" (dessen Typ bzw. Größe auf den betreffenden 100 Buchseiten nicht einmal genannt wird) immer in eine aus insgesamt zwei Längen bestehende C-Leitung gekuppelt. Erst 80 Seiten weiter in Teil 5 erfährt der Leser dann aus den

Beladelisten, dass alle Löschfahrzeuge (auch (T)LF16) nur mit Zumischern Z2 ausgerüstet wären [66]. In der aktuell gültigen FwDV 3 *(„der Einsatzablauf erfolgt sinngemäß wie bei der Vornahme des B-Rohres“)* wird ebenfalls suggeriert, es gäbe nur einen Z-Zumischertyp, so dass dieser auch nicht befohlen werden müsse [67]. Spätestens seit der Normung des TLF 24/50 mit seiner Schaumausrüstung in den 1970er-Jahren (z.B. [68]) und dessen Nachfolgemodellen ist diese Ergänzung erforderlich. Bei dieser Quellenlage ist es kein Wunder, wenn Schaumangriffe nicht funktionieren.

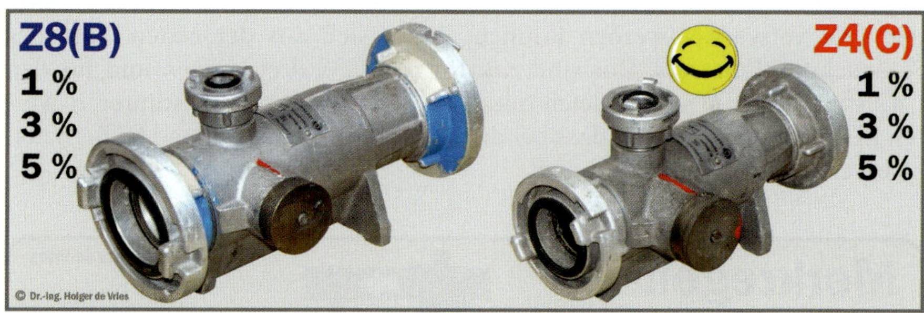

Abbildung 41: Zumischer Z8 mit B-Kupplung und Zumischer Z4 mit C-Kupplung nach TGL

Die Idee, einen Angriffstrupp in nur 15 bis 20 Metern vor dem Feuer aufgrund der Positionierung des Zumischers „festzunageln“, kann nur von jemandem stammen, der den Großteil seiner Erfahrung auf üblicherweise kalten Übungsplätzen erworben hat und ist vor allem einsatztaktisch defizitär. Für einen Schaumangriff wird – wie bei jedem anderen Löschangriff – erst einmal Schlauchreserve aufgebaut und sauber ausgelegt, damit der Angriffstrupp, nachdem die Schaumerzeugung sichergestellt ist, ggf. mit Unterstützung Richtung Feuer vorgehen kann. Der Standort bzw. der Wirkungsbereich des Angriffstrupps wird nicht vom Standort des Zumischers, sondern von einsatztaktischen Möglichkeiten und/oder Erfordernissen bestimmt!

Z4-Zumischer können in der Ebene bei Versorgung des Verteilers über eine 40 m lange B-Leitung und einen B-Vorlegeschlauch zwischen Verteiler und Zumischer mit 60 m langer C38- oder C40-Leitung, 75 bis 90 m langer C42-

Leitung und mit mindestens 100 m langer C45- bis C55-Leitung ab Zumischer betrieben werden [Details dazu in 69, vgl. auch 70, 71, 72, 73, 74]. In Abbildung 43 ist dargestellt, was laut deutscher Ausbildung nicht möglich ist. Vorteil: Der Angriffstrupp ist mit einer C-Leitung und deren Länge (Schlauchreserve!) wesentlich agiler als mit einer B-Leitung.

Aus den o.g. Werten wurde – vorausgesetzt, dass der Feuerwehrangehörige den Durchmesser und die Länge der verwendeten C-Schläuche kennt – eine einfache Merkregel abgeleitet. Für 15 bis 20 Meter lange C-Schläuche gilt: Die Anzahl der C-Schläuche, die in der Ebene sicher zwischen einem Z4 und der LAV verwendet werden können, ergibt sich aus der ersten Zahl des Schlauchdurchmessers. Das sind z.B. für den C38 drei Längen und für den C42 vier Längen. Der Vergleich mit den durch Messungen bestimmten Werten in Abbildung 43 zeigt, dass bei dieser Merkregel ausreichend Sicherheitsreserven berücksichtigt sind.

Abbildung 42: Merkregel für die Anzahl der C-Schlauchlängen zwischen Z4 und LAV

Wegen ihrer Gegendruckempfindlichkeit können Z-Zumischer nur begrenzt eingesetzt werden, um z.B. von Drehleiter-Wenderohren aus Schaum zu geben. In jedem Falle ist der Druckverlust im 35 Meter langen B-Schlauch, der über den Leitersatz verlegt ist, zu berücksichtigen. Die maximale senkrechte Höhe einer Drehleiter vom Typ DLK 23-12 beträgt 30 Meter. Durch diese Höhe entsteht ein geodätischer Druck, der bei voller Aufstellhöhe den größtmöglichen Gegendruck von 2 bar übersteigt [75]. Weitere aktuelle Informationen zum Betrieb von Z-Zumischern allgemein und mit C-Leitungen finden Sie auch in [57].

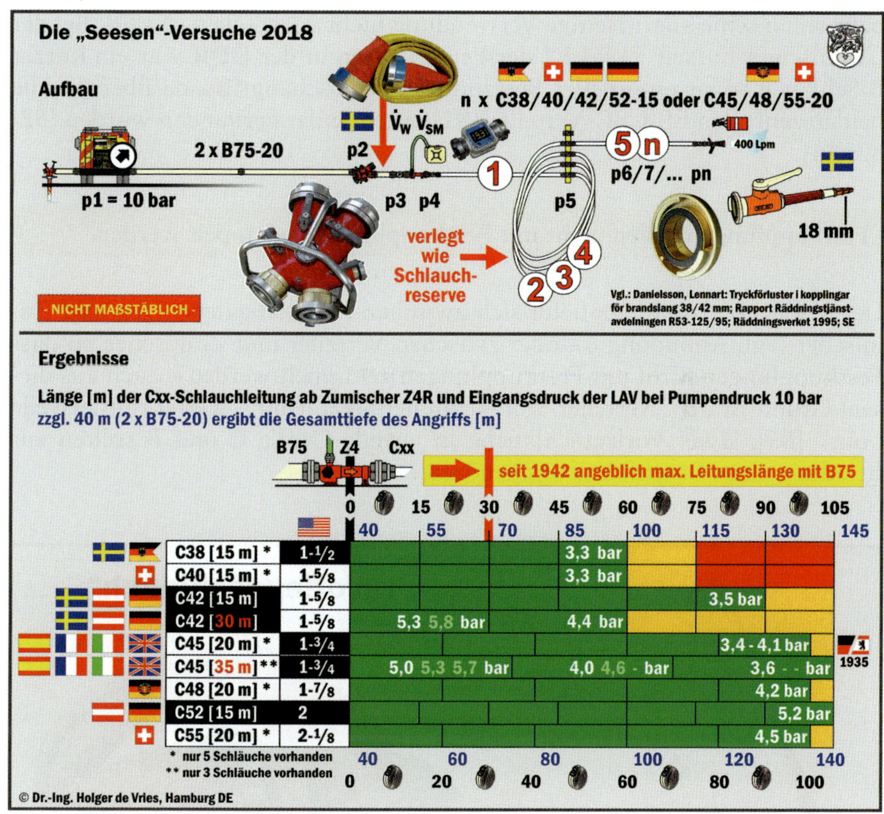

Abbildung 43: Aufbau der „Seesen"-Versuche nach de Vries und Struve

■ Vorlegeschlauch

Dem Vorlegeschlauch in den Größen C und B [76; 77] hat der Verfasser bereits einen ausführlichem Abschnitt in der Broschüre „Einsatz von Sonderrohren" gewidmet [31]: In den 1940er-Jahren waren für Löschfahrzeuge mit festeingebauter Pumpe zwei 3 m lange B-Schläuche nach FEN 106 vorgesehen [78; 79]. Davon ist heute nur ein 5 m langer „Füllschlauch" übrig geblieben, der bei einzelnen Feuerwehren nicht einmal der Prüfung unterliegt, weil bzw. wenn seine angriffseitige Verwendung nicht vorgesehen ist [80]. Bei der „Taktischen Einheit TLF-LF“ der Feuerwehren in der DDR war ein kurzer B-Schlauch sogar essentieller Bestandteil des Löschangriffs, da über ihn die beiden zentralen BB-CBC-Verteiler [81] miteinander verbunden wurden [82; 83; 84].

Festkupplungen sollen nicht mit Festkupplungen gekuppelt werden.

Der Vorlegeschlauch empfiehlt sich zwischen Druckabgangstutzen und Zumischer (vgl. Abbildung 6), oder zwischen Verteiler und Zumischer, so dass Festkupplungen nicht mit Festkupplungen gekuppelt werden – auch aus diesem Grund ist der „Verteiler-Stützkrümmer-Strahlrohr“-Werfer mittlerweile „out“ [85]. Zwei Vorlegeschläuche in jeweils Größe C und B sollten zur Beladung eines Löschfahrzeugs gehören.

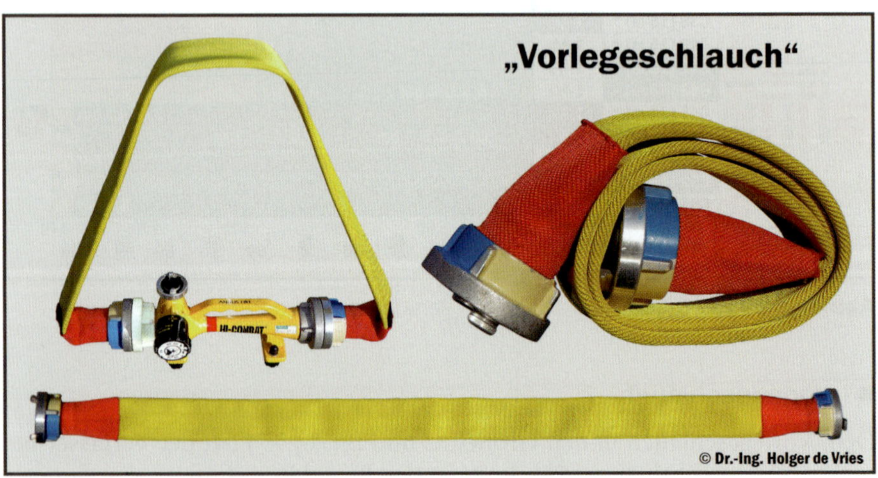

Abbildung 44: Ab etwa 1,20 m Länge kann der Vorlegeschlauch auch als Schultertragegurt für den Zumischer verwendet werden.

■ Schaummittel-Ansaugschlauch

Die (leider übliche) eng aufgerollte Lagerung von Schaummittel-Ansaugschläuchen für Zumischer und selbstansaugende Schaumrohre wirkt sich negativ auf deren Verwendung im Einsatz aus, da der Schlauch dann versucht, sich aus dem Kanister „herauszuschlängeln". Es wird daher vorgeschlagen – wie in Brandenburg üblich – bei Ausschreibungen und Beschaffungen an entsprechender Stelle den Hinweis „möglichst längliche Lagerung, nicht gerollt" aufzunehmen. Für die Schaummittel-Ansaugschläuche ist nach DIN EN 16712–2 nunmehr ein Steigrohr vorgesehen. Aus Gründen des Unfallschutzes darf das Steigrohrende eines Ansaugschlauches nicht spitzwinklig geschnitten werden (siehe Abbildung 45 rechts Beispiel links), um Verletzungen des Anwenders zu vermeiden (Abbildung 45 rechts Beispiele rechts) (siehe auch DIN EN 16712–2). Die Feuerwehr Wilhelmshaven beispielsweise behalf sich schon vor der europäischen Normung der Ansaugschläuche mit selbstgefertigten, angeschlitzten Edelstahlrohren. Bei einer Anordnung von Druckabgangsstutzen, Zumischer und Schaummittelbehältern sind fest verkuppelte „Schnellangriff"-Zumischer im Traversenkasten entbehrlich (weil nur einen Handgriff „schneller") und beide B-Abgänge blieben frei (siehe Abbildung 46).

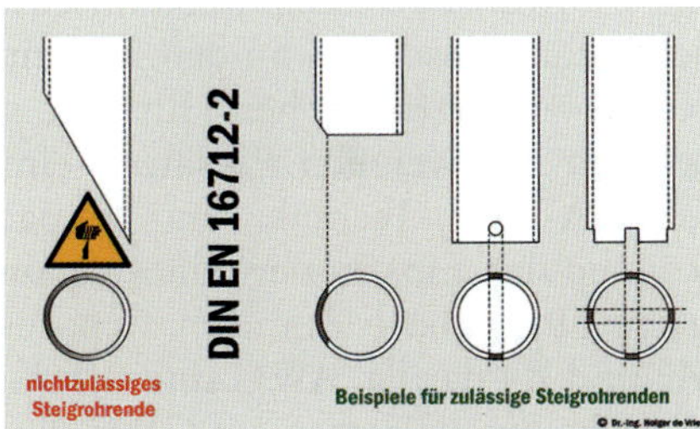

Abbildung 45: „Artgerechte" Lagerung eines Schaummittel-Ansaugschlauchs sowie nicht zulässige und zulässige Steigrohrenden für Ansaugschläuche nach DIN EN 16712–2

Abbildung 46: Hausinterne Lösung der Feuerwehr Wilhelmshaven

■ Dosieraufsätze für Z-Zumischer

Von den Firmen AWG und POK/TKW sind Dosieraufsätze für Zumischraten bis 1 % für die Netzmittelzumischung als Zubehör für Z2- und Z4-Zumischer zum Anschluss an den Saugeingang des Zumischers erhältlich. Es gelten die einsatztaktischen Hinweise wie für Z-Zumischer. Sie sind für Feuerwehren mit wenigen Einsätzen ein guter Einstieg in die Netzmittel- bzw. Class-A-Foam-Technik – nur ein paar hundert Gramm mehr an Ausrüstung können den Einsatzwert eines so ausgestatteten Fahrzeugs beträchtlich steigern. Einstellbare Zumischraten des Dosieraufsatz Z–Select für Zumischer Z2 und Z4 der Fa. AWG sind 0,1 %, 0,5 % und 1 %, dementsprechend gibt es sechs Einstellrasten am Gerät. Es gibt zwei Ausführungen: Mit Festkupplung D oder mit Gewinde G1 zum Aufschrauben. Die Ausführung D-G1 kann man fest am Zumischer aufschrauben, dann ist es sinnvoll, die Rückschlagkugel aus dem Zumischer herauszunehmen. Die Gewindeverbindung kann etwas mit Sicherungskleber gesichert werden, damit sie sich nicht aufdreht, wenn man den Z-Select gegen den Uhrzeigersinn auf eine andere Rate einstellt. Zur Spülung nach dem Einsatz klares Wasser ansaugen und den

Z-Select einmal über alle Einstellrasten durchschalten. Nicht mit der Pumpe in den Saugeingang drücken, sonst kann das Rückschlagventil eventuell Schaden nehmen.

Abbildung 47: Zwei TSF-W mit Z-Zumischern, Vorlegeschläuchen (!) und Dosieraufsatz Z–Select der Fa. AWG

Abbildung 48:
Reales Einsatzbild

■ HLZ-Zumischer

Die „Hochleistungs-Zumischer“ im Vertrieb der Fa. Total Walther wurden in Schweden entwickelt, um bei größeren Gegendrücken als genormte Z-Zumischer arbeiten zu können bzw. um geringere Zumischraten für Netzwasser/Class-A-Foam darstellen zu können. Der HLZ2 (C-Kupplung) und der HLZ4 (B) arbeiten nach Herstellerangaben bei einem Gegendruck von bis zu 5 bar. Er ist geeignet für alle Schaummittel, auch für hochviskose ARC-Schaummittel. Die möglichen Einstellungen sind 0 %, 3 % und 6 %. Für die Anwendung des Schaumkonzentrat Silv-ex oder anderen Class-A-Schaummitteln wurde die Variante HLZ3S (C) für einen Volumenstrom von 200 bis 300 L/min bei max. 9 bar Eingangsdruck und 1 bar Gegendruck entwickelt, die eine Zumischung von Schaummittel unter von 1 % ermöglicht [86]. Dieses Modell ist üblicherweise grün lackiert, siehe Abbildung 50. Die Ansaugung des Schaummittels erfolgt über einen ½-Zoll-Schlauch mit Filter aus einem offenen Schaummittelbehälter. Am Saugende des Schlauchs ist ein Filter montiert, der Unreinheiten aus dem Schaummittelkonzentrat zurückhält. Der Durchmesser des Schlauches darf nach Herstellerangaben dabei nicht wesentlich größer sein, um eine Verminderung der Ansaugleistung durch im Schlauch enthaltene Luft zu vermeiden.

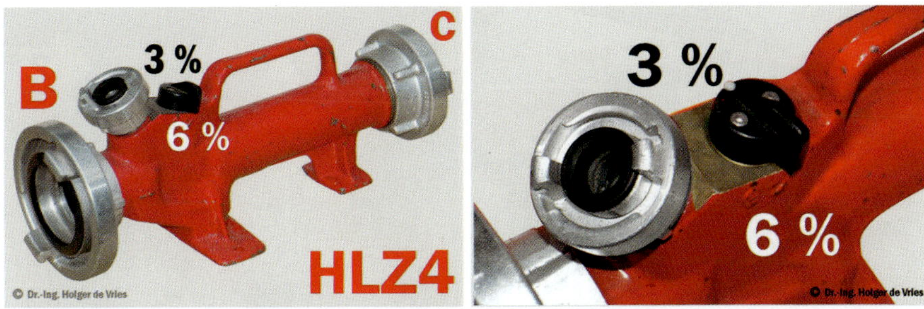

Abbildung 49: HLZ4 in einer interessanten Ausführung: Eingangskupplung B, Ausgangskupplung C [87]

Abbildung 50: Schwedisches TLF mit HLZ-Schaum-Schnellangriffeinrichtungen im Heck

■ Festeingebaute Z-Zumischer als „Schnellangriff"

Die einfachste Variante einer „fest eingebauten Zumischanlage" in ein Fahrzeug ist, einen Z-Zumischer in die Zuleitung der (formstabilen) Schnellangriffeinrichtung einzubauen (Abbildung 51), ihn fest im Bereich der Pumpe zu verrohren (Abbildung 52, siehe auch Abbildung 50) oder ihn an einem Druckabgang im Traversenkasten unter einem der hinteren Geräteräume anzubringen (Abbildung 53). Diese Varianten wurden und werden bereits bei verschiedenen Feuerwehren realisiert [88; 89]. Ist das wirklich sinnvoll?

Abbildung 51: TLF 15 (Bj. 1955, Aufbau Metz mit FP 24/8) mit Z-Zumischer (1) in der Abgangsleitung für den „Schnellangriff" (2) [90; 91]

Abbildung 52: Z2 und S2 in einem GR bzw. G3

Abbildung 53: Z-Zumischer in einem G4 bzw. in einem Traversenkasten

Zunächst einmal holt man sich permanent eine Schaummittelkontamination in den Aufbau. Dann werden – ob der Zumischer benötigt wird oder nicht – um die 40 % Druckverlust in der betreffenden Leitung verursacht. Bei einigen Lösungen fällt auf, dass die Zumischer nicht in der Lage eingebaut werden, für deren Betrieb sie ausgelegt sind, d.h. dass die Rückschlagkugel im Schaummitteleingang ihre Funktion evtl. nicht verlässlich erfüllen kann. Davon abgesehen handeln einige Feuerwehren konzeptionell inkonsequent, indem sie einen derartigen „Schnellangriff Schaum“ im Traversenkasten haben, das zugehörige Schaumrohr jedoch im Dachkasten lagern. Da erscheint es sinnvoller, Zumischer und Schaumrohr nahe beieinander zu lagern (Abbildung 46), um den Zumischer schnell mit oder ohne einen Vorlegeschlauch im Bedarfsfalle an einen Druckabgangstutzen zu kuppeln. Der Zeitunterschied dürfte bei sinnvoller Lagerung marginal sein.

Wer wirklich Zeit- und Handhabungsvorteile bei der Nutzung seiner „Einrichtung zur schnellen Löschmittelabgabe“ nutzen möchte, verwendet einen 35 Meter langen C-Schlauch (wie er auch für Schlauchpakete verwendet wird), faltet diesen zunächst zweimal auf etwa ein Drittel seiner Länge und faltet diese drei Lagen dann als Buchten auf die Gerätefach- oder Kastenbreite ein, siehe Variante B in Abbildung 54.

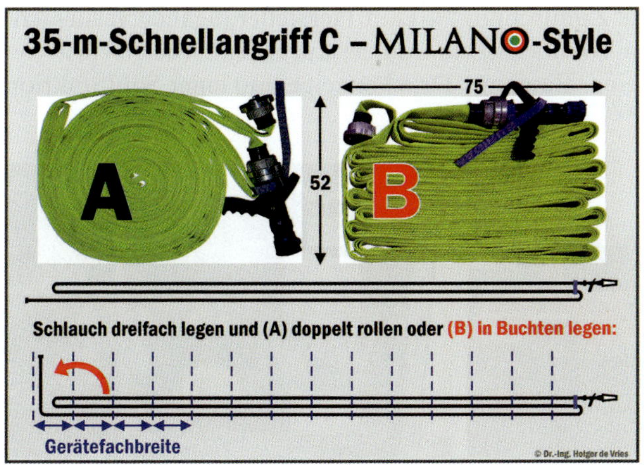

Abbildung 54:
35-m-Schnellangriff „Milano-Style“

Die eine Schlaufe des Schlauchs und das Strahlrohr werden mit einem Klettband miteinander verbunden, so dass beim Herausziehen des Schlauchs durch nur einen Feuerwehrangehörigen nach etwa 11 Metern dieser perfekt mit Schlauchreserve als „S“ liegt. Ohne die störende Kupplung zwischen zwei 15 Meter langen Schläuchen ist die Leitung maximal agil. Es wurde auch die gerollte Variante A erprobt, diese entfaltete sich aber nicht so zuverlässig.

3.3.2.3 Groupe Leader Mix 200–1000 V2

Es handelt sich um einen automatischen und autonomen Zumischer für einen Volumenstrombereich von 200 bis 1.050 L/min bei einem Betriebsdruck von 5 bis 16 bar und mit Zumischraten von 0,3 %, 0,5 %, 1 %, 3 % und 6 %. Technisch gesehen handelt es sich bei dem Gerät um eine Kombination aus einem Venturi-Zumischer mit der Druckhalteautomatik, ähnlich wie bei automatischen Hohlstrahlrohren. Es gibt eine tragbare Version (I40.90.107) und eine Version für den Einbau in Fahrzeuge (I40.90.102). Die Schaummittelversorgung erfolgt über einen Eingang mit einem Zoll lichter Weite. Die Anschlusskupplungen haben die Größe B. Das tragbare Gerät hat die Maße von 486 x 237 x 274 mm³ bei 14 kg Masse. Die Fahrzeugversion baut ca. 2 cm niedriger.

Als Besonderheit verfügt der Zumischer über eine Bypass-Funktion (Betriebsart „Water“/„keine Zumischung“). Laut Herstellerangaben verursacht das Gerät bei 500 L/min Volumenstrom im Leerlauf einen Druckverlust von 0,8 bar [92]. Es ist mit einer Eingangs-Druckanzeige und einer Spülfunktion ausgestattet.

Abbildung 55: Leader Mix 200–1000 im G6 eines LF

3.3.3 Manuell geregelte Einspeisezumischung (direct injection, manually regulated proportioning)

Diese Zumischsysteme verwenden eine Förderpumpe, um das Schaummittel auf der Druckseite der Feuerlöschkreiselpumpe in den Wasserstrom einzuspeisen. Die Schaummittelzufuhr wird jedoch weiterhin von Hand geregelt. Ein solches System war der „AccuFoam“-Zumischer der Fa. Angus Fire für einem Bereich von 150 bis 750 L/min Wasservolumenstrom [93; 94]. Das System besteht aus zwei Hauptkomponenten, dem Zumischsystem (mit Schaumpumpe und Steuerung) und dem Zumischelement, das an beliebiger Stelle in die Angriffsleitung eingekuppelt wird. Es gibt verschiedene Ausführungen in 1½ Zoll (38 mm) und 2½ Zoll (63,5 mm) Ausführung. Das System wird nicht mehr vertrieben [95]. Es gibt kein Nachfolgemodell in einer vergleichbaren Größe [siehe aber 96].

3.3.4 Automatisch geregelte Zumischung

Bei diesen Systemen erfolgt die Schaummittelzumischung immer auf der Druckseite der Pumpe, so dass Korrosion an der Feuerlöschkreiselpumpe und an den saugseitigen Leitungen ausgeschlossen ist. Die automatisch geregelten Schaummittelzumischer sollen vor allem Folgendes ermöglichen:

- Wasserentnahme aus dem Tank, Hydranten oder mittels einer Saugleitung
- genaue Zumischung unabhängig vom Wasservolumenstrom, somit freie Wahl der Schlauchdurchmesser und der eingesetzten Strahlrohre

Aus einsatztaktischer Sicht sind automatische Zumischsysteme eindeutig zu bevorzugen, da der Maschinist i.d.R. nicht die Möglichkeit hat, die für die Zumischung erforderlichen Daten, wie z.B. den Gesamtvolumenstrom durch die angeschlossenen Strahlrohre, zu ermitteln. Die automatischen Zumischsysteme haben jedoch auch einige Nachteile, wie z.B. die oft höheren Beschaffungs- und Wartungskosten. Außerdem verwenden viele automatische Systeme mehr Komponenten mit beweglichen oder elektrischen bzw. elektronischen Teilen. Während mechanische Störungen teilweise noch an der Einsatzstelle oder spätestens am Stützpunkt behoben werden können, ist dies bei Störungen in der Elektrik bzw. Elektronik meist nicht möglich. Dieses Problem ist von Drehleitern und elektronischen Pumpenregelungen hinreichend bekannt. Karn wies bereits 1992 auf notwendige Anforderungen an Automatische Pumpendruckregelungen hin. Es heißt dort u. a., dass „die gesamte Regeleinrichtung nach DIN 40050 IP 55 ... geschützt sein [muss]" [97]. Die Schutzarten der elektrischen Betriebsmittel durch Kapselung werden durch ein Kurzzeichen angegeben, welches aus den beiden Buchstaben „IP" und zwei Kennziffern besteht. Die erste Kennziffer gibt den Berührungs- und Fremdkörperschutz und die zweite den Schutz gegen Wasser an. Die erste Ziffer 5 des Kurzzeichens „IP 55" bedeutet „Schutz gegen Staubablagerung" und ist die zweithöchste mögliche Einstufung (von sechs). Die zweite Ziffer 5 in diesem Kurzzeichen bedeutet „Schutz gegen Strahlwasser" und ist die dritthöchste Einstufung (von sieben). Die nächsthöhere Einstufung sowohl bezüglich Wasser und Fremdkörpern wäre „IP 66" mit „Schutz gegen Staubeintritt" und „Schutz gegen Überflutung" (vorübergehende Überflutung) [98]. Die Anforderung des AA2 des FNFW an Pumpendruckregelungen sollte auch Anwendung auf Zumischeinrichtungen finden, um deren Funktionsbeeinträchtigung durch Feuchtkorrosion möglichst auszuschließen. Wenngleich leider nicht immer feststellbar ist, welche Zumischeinrichtungen in welchen Schutzarten ausgeführt sind, da sie mit Niederspannung betrieben werden und damit nicht unter den National Electrical Code NEC NFPA 1970, das amerikanische Gegenstück zur DIN 40050 bzw. IEC 529, fallen, muss der ausreichende Schutz gegen Feuchtigkeit Bestandteil von Ausschreibungen und Beschaffungen sein.

3.3.4.1 DIN EN 16327 – Druckzumischanlagen und Druckluftschaumanlagen

Die Europäische Norm DIN EN 16327 basiert auf DIN 14430 [99], wurde von Deutschland als europäisches Normungsprojekt angeregt und auch unter deutscher Federführung in der europäischen Arbeitsgruppe CEN/TC 192/WG 2 erarbeitet. Sie beschreibt in ein Löschfahrzeug eingebaute Systeme. Stationäre Anlagen und von Fahrzeugen unabhängige mobile oder tragbare Aggregate sind nicht Bestandteil der Norm. Es werden folgende Anlagen definiert und beschrieben (vgl. Abbildung 12):

Druckzumischanlage (DZA): Im internationalen Sprachgebrauch werden diese Anlagen zum Beispiel als Class-A-Foam-Anlagen bezeichnet. Diese Anlagen können aber mit jedem geeigneten Schaummittel betrieben werden.

Druckluftschaumanlage (DLSA): Im internationalen Sprachgebrauch werden derartige Anlagen als CAFS (Compressed-Air-Foam-Systems) bezeichnet. Sofern die verwendeten Löschmittelzusätze, deren Zumischung und das Strahlrohr geeignet ausgewählt und die Leistungen vergleichbar sind.

Die Norm enthält sicherheitstechnische Festlegungen. Die entsprechende Gefährdungsliste ist in Abschnitt 4 der Norm aufgeführt. Neben den Sicherheitsaspekten sind auch Leistungsanforderungen festgelegt. Darüber hinaus enthält die Norm Vorgaben zur Klassifizierung und Bezeichnung, zum Prüfbericht der Typprüfung, zur Benutzerinformation sowie zur Kennzeichnung. In informativen Anhängen werden ein Leitfaden für die Abnahmeprüfung bei Lieferung und auch Musterdiagramme für die Arbeitsbereiche einer Druckzumischanlage sowie einer Druckluftschaumanlage angegeben. Daneben gibt es beispielhafte Muster von typischen Anlagendiagrammen.

Wesentliche Anforderungen sind:

- Für alle Teile, die von der Feuerlöschkreiselpumpe druckbeaufschlagt werden können, gelten die Anforderungen nach DIN EN 1846 in der aktuellen Fassung. Werden andere Pumpen anstelle von Kreiselpumpen verwendet, müssen diese mit einem Sicherheitsventil ausgestattet sein.
- Die Anlage muss vollständig druckentlastet werden können.
- Die Anlagen müssen in Werkstoffen ausgeführt und mit Dichtungssystemen ausgestattet sein, die mit den geförderten Medien uneingeschränkt verträglich und geeignet sind, Gefährdungen zu vermeiden, die durch Entweichen dieser Medien entstehen können. Bei der Beurteilung dieser Verträglichkeit müssen Art der Medien, Temperaturen und Drücke berücksichtigt werden.
- Alle Bauteile und Komponenten sowie deren Installation müssen den allgemeinen Regeln der Technik entsprechen. Sofern ein eigener Antriebsmotor verwendet wird, gelten die Anforderungen nach DIN EN 2008–09 (Feuer-

löschpumpen – Tragkraftspritzen – Sicherheits- und Leistungsanforderungen, Prüfungen; Deutsche Fassung EN 14466.

- Elektrische Einrichtungen müssen DIN EN 60204–1 (VDE 0113 Teil 1) entsprechen. Die Schutzart der Steuer- und Regeleinrichtungen muss mindestens IP 54 nach DIN EN 60529 (VDE 0470 Teil 1) betragen.
- Konstruktiv ist durch die Art des Einbaus zu verhindern, dass Wasser, Schaummittel und/oder deren Gemische – auch beim Befüllen von Tanks – auf Mess-, Steuer- und Regeleinrichtungen einwirken können. Bei fest eingebauten Anlagen muss der Schaummittelbehälter betriebsbereit mit der Anlage verbunden sein. Eine ungewollte Vermischung von Schaummitteln aus unterschiedlichen Behältern muss ausgeschlossen sein. Leitungen, in denen es zu einer Vermischung kommen kann, müssen gespült werden können. Der mitzuführende Vorrat an Schaummittel sollte einen autonomen Dauerbetrieb von 20 min bei Nennförderstrom und 1 % Zumischung sicherstellen.
- Sicherheitsrelevante Fehler in der Anlage müssen durch Sichtanzeige deutlich werden. Bei Ausfall eines Mess- oder Steuerungselementes muss die Anlage in einem sicheren Zustand bleiben, außerdem darf die Verwendbarkeit der genutzten Druckabgänge für eine reine Wasserabgabe nicht eingeschränkt werden.
- Alle Elemente der Anlage müssen gegen zu hohe Drehzahlen geschützt sein. Gegebenenfalls erforderliche Drehzahlbegrenzungen müssen nach Abschalten der Anlage automatisch aufgehoben werden. Es muss eine optische Warneinrichtung zur Anzeige einer Kompressorüberhitzung vorhanden sein, eine akustische Warneinrichtung ist zusätzlich möglich.
- Am Bedienstand muss eine Einrichtung vorhanden sein, mit der die Anlage in einem einzigen Arbeitsschritt abgeschaltet werden kann.
- Sind Zumischanlagen als Druckbehälter ausgeführt, so müssen diese in der EU anerkannten Richtlinien entsprechen. Die Behälter sind dahingehend zu kennzeichnen.
- Schaummittel dürfen erst dann zugeführt werden können, wenn Löschwasser gefördert wird.
- Bei Verwendung von außen liegenden Behältern für Schaummittel darf durch das Wechseln von Behältern die Gemischerzeugung nicht unterbrochen werden.

- Die Zumischanlage muss es ermöglichen, bei Störungen, Fehlbedienungen oder Ausfall einer Komponente einen begonnenen Löschangriff mit Wasser weiterzuführen.
- Bei einem Anlageneingangsdruck von 8 bar darf der Druckverlust bei Nennförderstrom nicht höher als 2 bar sein.
- Ein Dauerbetrieb von 6 h bei Nennförderstrom und der vom Hersteller angegebenen maximalen Zumischrate muss gewährleistet sein.
- Ein Zuschalten der Anlage bei laufender Wasserpumpe muss ohne Unterbrechung der Wasserförderung möglich sein.
- Die Anlage muss zentral an einem leicht zugänglichen Ort entwässert werden können.
- Sind die Zumischraten von Löschmittelzusätzen und/oder das Volumenverhältnis Gas zu Löschmittel vom Bedienungspersonal einstellbar, müssen die gewählten Einstellungen geeignet angezeigt werden. Bei einstellbaren Zumischraten ist ergänzend in der technischen Beschreibung anzugeben, ob die Zumischung in dem genannten Bereich stufenlos (beinhaltet Stufungen bis maximal 0,1 %) und/oder in definierten Stufen erfolgt. Die Stufungen sind dabei zu nennen.
- Die maximale Abweichung von vorgewählten Zumischraten bei einem Förderdruck des Löschmittels von 4 bar bis 10 bar darf betragen:
  - bis zu 1 % Zumischrate: 0 bis +40 % (nach DIN waren es +/–20 %);
  - größer 1 % Zumischrate: 0 bis +30 %
- Innerhalb des angegebenen Arbeitsbereiches muss ein gleichmäßiges volumenstromproportionales Zumischen auch bei Veränderung des Volumenstromes sichergestellt sein.
- Die Rüstzeit vom Einschalten der Anlage bis zum Erreichen eines Schaumes am Druckabgang darf max. 10 s betragen. Die Rüstzeit ist bei wasserfördernder Pumpe und betriebsbereiter DZA festzustellen.

3.3.4.2 Gleichdruck-Venturi-Zumischung (balanced pressure Venturi proportioning)

Bei diesen Systemen wird der Druck des Schaummittels auf den Förderdruck des Löschwassers gebracht. Da nun die beiden Medien den gleichen Druck haben, ist kein Ansaugen wie beim Zumischer nach dem Wasserstrahlpumpen-Prinzip und folglich auch kein Unterdruck erforderlich. Somit wird ein Venturi-Element verwendet, dass nur einen Druckverlust von 10 bis 20 Prozent verursacht. Es gibt drei Methoden, den Druck von Wasser und Schaummittel anzugleichen:

- Gleicher statischer Druck von Wasser und Schaummittel wird durch die Anordnung von Schaummittelbehälter und Zumischarmatur sichergestellt (wie beim Saugzumischer)
- Eine Pumpe erhöht den statischen Druck des Schaummittels.
- Ein Blasentank-Druckbehälter wird verwendet.

■ Venturi-Blasentank-Zumischer (Venturi bladder pressure tank proportioners)

Eine Möglichkeit der automatischen mechanischen Zumischung ist die Verwendung eines Blasentankzumischers. Solch ein System wurde bereits 1956 von Rivkind und Myerson erwähnt [100]. Ferner werden auf Seite 251 der 7. Auflage (1967) des „Handbuch für den Feuerwehrmann“ von W. Hamilton „F- und FM-Zumischer“ erwähnt, die „nach dem Verdrängungsprinzip [arbeiten]. Das heißt Druckwasser wird vom Venturirohr aus in den Vorratsbehälter geleitet und drückt das Schaummittel über eine Regeleinrichtung in das Venturirohr zurück“ [101]. Ein FM-Zumischer dieser Art auf einem einachsigen Anhängerfahrgestell ist auch noch in der „Ausbildungsanleitung für den Feuerwehrdienst“ von Heimberg und Fuchs aus dem Jahre 1972 abgebildet [102]. Solche Zumischer sind demnach in der Vergangenheit in Deutschland eingesetzt worden und dann wieder in Vergessenheit geraten. Blasentankzumischer werden heute von mehreren Herstellern in verschiedenen Größen für mobilen und stationären Einsatz angeboten. Für den mobilen Einsatz ist in den USA das System „Flow-Mix“ der Fa. Robwen, Los Angeles, als tragbares und in Fahrzeuge eingebautes am weitesten verbreitet. Blasentanksysteme für den stationären Brandschutz werden u. a. von der Fa. Angus Fire unter dem Namen „Wasp-System“ angeboten.

■ Venturi-Blasentank-Zumischer „Robwen Flow-Mix“

Der Zumischer Flow-Mix 500 (Abbildung 56) wurde von der Fa. Robwen Inc. in Los Angeles gemäß eines Anforderungsprofils der US Forstbehörde entwickelt. Das Produkt FlowMix der Fa. Robwen wurde 2014 von der Fa. Leader übernommen [103].

Ein Flow-Mix 500 besteht aus einem aufrecht stehenden, 46 cm hohen Aluminiumhohlzylinder mit einem Durchmesser von 28 cm. Der Zumischer hat das Staumaß von 28 x 42 x 64 cm³. An seiner Oberseite sind eine Membran-Handpumpe und der Einfüllstutzen zum Nachfüllen des Schaummittels angebracht. An der Zylinderseite sind die Bedienelemente und das Zumischelement mit Wassereingang und -abgang angebracht. Die Bedien- und Funktionselemente sind durch formstabile Druckschläuche miteinander verbunden. Am oberen Zylinderdeckel sind zwei Tragegriffe montiert, die in der Zeichnung der Übersicht halber nicht dargestellt sind. Im Zylinderkörper befindet sich eine Kunststoffblase zur Aufnahme des Schaummittels.

Das Zumischelement besteht aus einem Hohlzylinder mit einer federbelasteten Lochscheibe und einem nachgeschalteten Venturi-Element. Die federbelastete Lochscheibe zweigt in Abhängigkeit vom Wasserförderdruck einen Nebenstrom ab, der in den Aluminiumzylinder zwischen dessen Außenhaut und die Schaummittelblase geleitet wird. Das Schaummittel steht daher unter dem gleichen Druck wie das Wasser und wird über ein Venturi-Element hinter der Lochscheibe in den Löschwasserstrom eingespeist. Der Wassereingang und -abgang werden durch B-Festkupplungen am Zumischelement ermöglicht.

Das Leergewicht der tragbaren Ausführung des Zumischers beträgt 23 Kilogramm (50 lbs.). Der Zumischer hat ein Fassungsvermögen von 19 Litern, das Gewicht des gefüllten Zumischers beträgt 42 Kilogramm. Bei einer Zumischung von 0,5 % ist Schaummittel für 3.800 Liter Wasser vorhanden, bei einer Zumischung von 0,3 % für ca. 6.300 Liter Wasser.

Das System ist auch mit größeren Tanks für den Einbau in Fahrzeuge erhältlich und wird u.a. als „duales System“ mit einem Tank für Class-A-Foam und einem zweiten Tank für z.B. dreiprozentiges Schaummittel angeboten. Die Komponenten des Systems werden dann im Fahrzeug verteilt eingebaut: Tanks im Rahmen oder in der Mitte des Aufbaus und Zumisch- und Bedienelemente im Pumpenstand. Bei dieser Konfiguration wird die Handnachfüllpumpe i.d.R. durch eine elektrische Förderpumpe ersetzt.

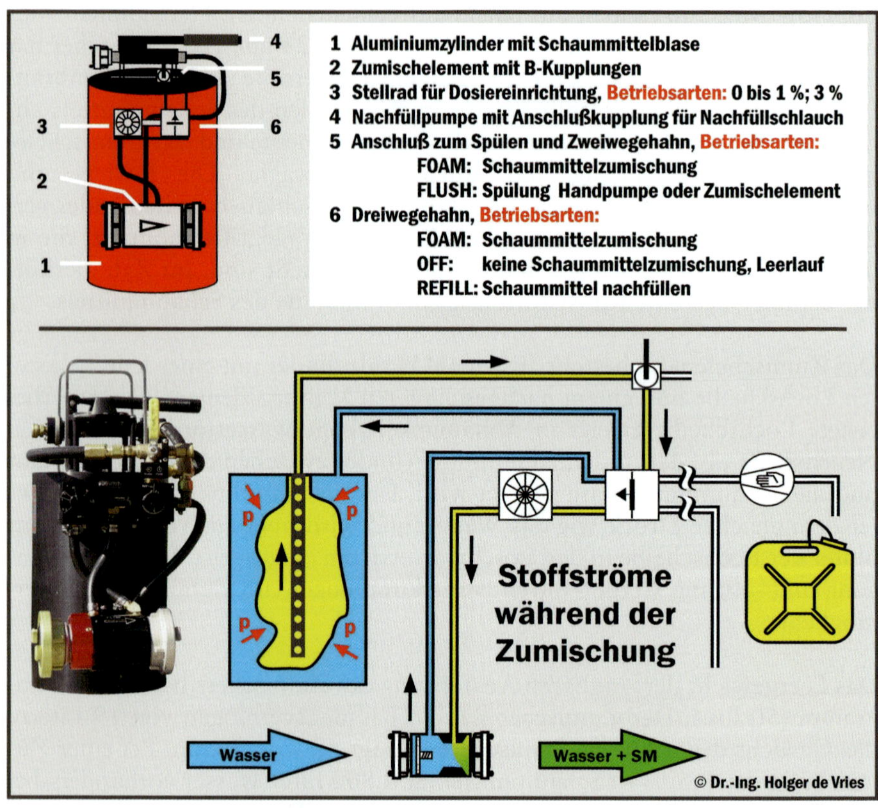

Abbildung 56: Blasentankzumischer Flow-Mix 500 (Bedienelemente 1. Generation), Betriebsart: Schaumerzeugung; Stoffströme und Stellung der Bedienelemente

Der Vorteil dieses Systems gegenüber anderen automatischen Systemen, die mit Schaummittelpumpen arbeiten (die also Schaummittel ansaugen müssen), liegt in der Nutzung des Wirkdrucks des Wasserstroms, der es ermöglicht, die Schaummitteltanks auch tiefer als das Zumischelement im Fahrzeug unterbringen zu können, z.B. zwischen den Längsgurten des Fahrgestellrahmens.

Der Zumischer ermöglicht nach Herstellerangabe eine Zumischung von 0 bis 1 % bei einem Volumenstrom von 12 bis 1.900 Liter/min (3 bis 500 GPM) und eine Zumischung von 3 % bei einem Volumenstrom von 12 bis 940 Liter/min (3 bis 130 GPM). Der Druckverlust durch den Zumischer beträgt nach Herstellerangabe 0,69 bar (10 psi) pro 378 Liter/min (100 GPM), mithin maximal 3,5 bar bei einem Volumenstrom von 1.900 Liter/min (500 GPM). Bei eigenen Messungen wurden diese Herstellerangaben unterschritten [104]. Bezogen auf einen in der Brandbekämpfung üblichen Förderdruck von 7 bar entspricht dies 10 % Druckverlust bei etwa 400 Liter/min und 50 % bei 1.900 Liter/min.

Zum Füllen der Zumischerblase mit Schaummittel wird ein Füllschlauch an den Einfüllstutzen der Handpumpe angeschlossen. Der Dreiwegehahn wird auf REFILL und der Zweiwegehahn auf FOAM gestellt und mit der Handpumpe Schaummittel bis zum Maximum des Pumpwiderstandes gefördert. Ist der Zumischer zuvor benutzt worden und daher der Zumischerzylinder ganz oder teilweise mit Wasser gefüllt, tritt dieses Wasser aus dem Ablassschlauch heraus. Nach dem Füllen der Schaummittelblase des Zumischers werden die Feuerlöschschläuche an die Festkupplungen angeschlossen und der Dreiwegehahn sowie der Zweiwegehahn auf FOAM gestellt. Am Stellrad wird die gewünschte Zumischrate eingestellt. Nun kann Wasser gegeben werden.

Der Zumischvorgang läuft derart ab, dass vom Hauptwasserstrom ein Nebenwasserstrom abgezweigt wird, der durch den Dreiwegehahn in den Aluminiumzylinder fließt und dabei das Schaummittel aus der Blase herausdrückt. Das Schaummittel wird – entsprechend der Einstellung der Dosiereinrichtung – im Zumischelement dem Hauptwasserstrom zugeführt.

Abbildung 57: LF der BF Metz mit Flow-Mix Zumischanlage (Bedienelemente 2. Generation)

Zum Nachfüllen von Schaummittel während des Einsatzes muss der Zumischer kurzzeitig im Leerlauf betrieben werden. Das Nachfüllen erfolgt wie zuvor beschrieben, wobei der Zumischer nicht ausgekuppelt werden muss. Da der Zumischer im Leerlauf betrieben wird, ist eine Wasserabgabe aus den Strahlrohren weiter möglich. Nach dem Einsatz sollte das Zumischelement gespült werden. Zum Spülen der Zumisch- und Dosiereinrichtung wird ein Wasserschlauch an den Anschluss des Zweiwegehahns angeschlossen. Der Zweiwegehahn wird auf FLUSH und der Dreiwegehahn auf FOAM gestellt. Das Spülwasser fließt nun durch alle Bedienelemente zum Zumischelement, wo es wieder aus der Apparatur austritt. Zum Spülen der Handpumpe wird der Zweiwegehahn auf FLUSH und der Dreiwegehahn wird auf REFILL gestellt. Der Schaummittel-Ansaugschlauch wird an den Eingangsstutzen der Handpumpe angeschlossen und mit der Wasserversorgung verbunden oder z.B. in einen mit Wasser gefüllten Eimer gestellt. Das zum Spülen verwendete Wasser fließt nun durch die Handpumpe, den Dreiwegehahn und den Zweiwegehahn, bei dem es wieder austritt.

Von folgenden Problemen mit Blasentankzumischern und deren Lösungen wurde berichtet:

- Bei Blasentankzumischern, deren Schaummittelvorrat aufgebracht war, ist es zum Reißen der Schaummittelblase gekommen. Die Ursache dafür lag in dem weiter auf die leere Schaummittelblase wirkenden Wasserdruck, der diese gegen die Schaummittelöffnungen des Steigrohres gedrückt hat. Dieses Problem ist nach Herstellerangaben vom Mai 1995 [105] durch die Verwendung einer stärkeren Blasenhaut und durch Umgestaltung des Steigrohres behoben worden.

- Es kann zu Betriebsstörungen der Bedienelemente und Ventile durch Korrosion kommen, wenn diese nicht sorgfältig gespült werden [106]. Dieses Problem ist bei dem seit 1994 ersten in Deutschland verwendeten Zumischer in keiner Weise aufgetreten, wenngleich die Messingfittings schon deutliche Korrosion zeigen.
- Bei in Fahrzeugen eingebauten Systemen mit liegenden Tanks ist es beim Nachfüllen des Schaummittels zum Einpumpen von Luft in die Schaummittelblase und dabei zur Verringerung ihres nutzbaren Volumens und zur Schaumbildung im Tank gekommen, wenn die elektrische Nachfüllpumpe nicht zuvor entlüftet worden ist [86]. Dieses Problem kann auf zwei Weisen behoben werden: Entweder wird die Schaummittelblase regelmäßig vollständig geleert oder statt des Nachfüllschlauchs wird ein großer, fester und unten abgewinkelter Trichter verwendet, der auf den Nachfüllstutzen gekuppelt oder geschraubt wird, so dass das Schaummittel bei Beginn des Nachfüllens unmittelbar an der Saugseite der Pumpe ansteht.
- Wie schon erwähnt, kann der Füllstand des Blasentanks nirgendwo abgelesen werden. Beim Nachfüllen bedeutet dies, dass die Nachfüllpumpe, die eine Membranpumpe ist, sehr vorsichtig und gefühlvoll bedient werden muss, um sie nicht zu beschädigen, wenn der Blasentank gefüllt ist. Kann der Hebel der Membranpumpe nach dem Befüllen nicht wieder in seine waagerechte Ausgangsposition gebracht werden, druckentlastet man das System durch Entfernen des Nachfüllstutzens und Umschalten des Dreiwegehahns auf „FOAM“, dann kann der Handhebel vorsichtig heruntergedrückt werden.

Der Flow-Mix ist ein hervorragendes Gerät, wenn es so betrieben wird, wie es gedacht ist: Class-A-Foam einfüllen – Hinstellen – Einkuppeln – Löschen. In dieser Art wird es tausendfach weltweit verwendet. Das Problem mit den Dichtungen wäre frühzeitig vermieden worden, hätte der damalige Chefingenieur des Herstellers auch einmal andere Leute als nur sich selbst ausreden lassen. Das Dichtungsproblem wurde letztlich insbesondere durch Materialwechsel (ein paar Cent teurer) gelöst. Dann aber kam es zu den ersten Begegnungen des Flow-Mix mit dem deutschen Feuerwehrwesen und dessen „Königstiger-Syndrom" [107]:

„Im Prinzip ist das Bessere der Feind des Guten – aber nur im Prinzip. Wenn nämlich das Bessere voreilig das Gute ersetzen soll, dann handelt man sich nur Schwierigkeiten ein."

Abbildung 58:
Flow-Mix bei einer Übung in der Lüneburger Heide

Während wir problemlos hinnehmen, dass ein normaler Schaummittelbehälter (mit Z4 und 3 %) nach 90 Sekunden leer ist (und es dann u.U. gar keinen Schaum mehr gibt), war es unerträglich hinzunehmen, nicht minutengenau zu wissen, wann bei einer Zumischung von 0,3 % Class-A-Foam die ca. 6.300 Liter Wasser „durchgelaufen" waren, insbesondere wenn 85 % aller Brände in Deutschland mit weniger als 1.000 Litern Wasser gelöscht werden [2; 25].

Oder grob gerechnet: z.B. 2 Leitungen à 200 L/min macht 400 L/min und 6000 L / (400 L/min) = 15 Minuten. In der Praxis der Bekämpfung von Feststoffbränden hätten die Angriffstrupps vom Nachfüllen gar nichts gemerkt, weil bei Class-A-Foam noch „ewig lang" Schaummittel aus den Schlauchleitungen ausgewaschen wird (vgl. auch Abbildung 8).

Deswegen macht die ganze Spülerei an der Einsatzstelle auch nicht wirklich Sinn: Erst 30 Liter beim Wohnungsbrand „sparen" und dann 3.000 Liter „lang" spülen ergibt 2.970 Liter (Trink-) Wasser„verlust". Der kluge Maschinist stellt die Zumischung mit Beginn der Nachlöscharbeiten aus oder reduziert sie zumindest. Das Nachfüllen des Schaummittels per Handpumpe wurde auch als unerträglich empfunden: Also musste zu einem genialen mechanischen System unbedingt eine elektrische Füllpumpe her. Dass die Schaummittelblase gefüllt ist, merkt man allerdings erst am Gegendruck, was auch nicht jede Pumpe verträgt, also brauchte es eine Drehzahlüberwachung mit Abschaltung und natürlich optische und akustische Anzeigeelemente am Pumpenbedienstand. Und so wurden nach und nach kleine Raumschiffe um die Blasentankzumischer herumgebaut, die ihrerseits selbst zu absehbaren Fehlern und Problemen führten. „Schuld" war natürlich der böse Blasentankzumischer. Dann gab es kommunale Feuerwehren, die unbedingt zähe Fluorproteinschaummittel in ihren Flow-Mixen haben wollten. Mal ehrlich: Warum und wofür will eine kommunale Feuerwehr mit Fluorproteinschaum auf ihrem Zug-LF herumfahren? Und wenn es denn unbedingt sein muss: Warum wird dafür keine geeignetere Zumischtechnik beschafft (oder einfach die Z-Zumischer der Normbeladung verwendet), sondern ausgerechnet ein Gerät, das für kleine Zumischraten konstruiert wurde? In einer praktischen Studie zur Zumischgenauigkeit der US Forstbehörden schnitt der Flow-Mix in diesem Bereich über 20 Jahre nach seiner Entwicklung ganz hervorragend ab [108].

■ Ventilgesteuerte-Pumpen-Venturi-Zumischung (Pilot-operated relief valve pump proportioning)

Ein System dieser Art wurde von Dan McKenzie von der amerikanischen Forstbehörde entwickelt [109] und von der Fa. KK Products in Valparaiso, Indiana/USA unter dem Handelsnamen „Pro/Portioner" hergestellt und vertrieben [110]. Der Pro/Portioner ist in verschiedenen Ausführungen für 12 Volt Betriebsspannung, mit anderthalb- und zweieinhalbzölligen Anschlüssen und in drei Größen erhältlich, jeweils als mobile Ausführung oder fest eingebaut in Löschfahrzeuge. In Abbildung 59 sind die Hauptkomponenten des Systems dargestellt. Es besteht aus einem Zumischsystem mit der Steuerung und einer Einspeisearmatur.

Tabelle 7: Modelle des Pro/Portioners [91]

Bezeichnung	Volumenstrom und Zumischrate
L = Low Flow	19 bis 303 L/min (5 bis 80 GPM) bei 0,5 % und bei 1 %
PL = Low Flow	38 bis 473 L/min (10 bis 125 GPM) bei 0,5 % und bei 1 %
H = High Flow	95 bis 946 L/min (25 bis 250 GPM) bei 0,5 % 95 bis 473 L/min (25 bis 125 GPM) bei 1 %

Eine Schaummittelpumpe fördert bei konstanter Drehzahl einen konstanten Schaummittelstrom. Ein Dosierventil öffnet oder schließt automatisch den Nebenstrom durch einen Umlaufkanal in Abhängigkeit vom Wasserförderdruck in der Einspeisearmartur. Dieses Dosierventil wird vom Wasserförderdruck gesteuert, der in der Einspeisearmatur über einen Drucksensor abgegriffen wird. Der Schaummittelstrom am Punkt C ist also gleich dem konstanten Schaummittelstrom A, vermindert um den Nebenstrom am Punkt B. Das Schaummittel wird dann dem Löschwasserstrom durch ein handbetätigtes Dosierventil und ein Rückschlagventil über das Venturi-Element zugemischt. Das Wasser fließt durch das Venturi-Element und erhöht an der Verengungsstelle seine Fließgeschwindigkeit. Der dynamische Druck des Wassers steigt, während der statische Druck sinkt. Dadurch ist der statische Druck des Wassers etwas geringer als der des geförderten Schaummittels und es wird mitgerissen. Da das Schaummittel durch eine Pumpe gefördert wird, muss es nicht vom Venturi-Element angesaugt werden. Die

Querschnittsverringerung braucht daher bei einem Venturi-Element nicht so groß zu sein wie beim Z-Zumischer, so dass der Druckverlust hier geringer ist.

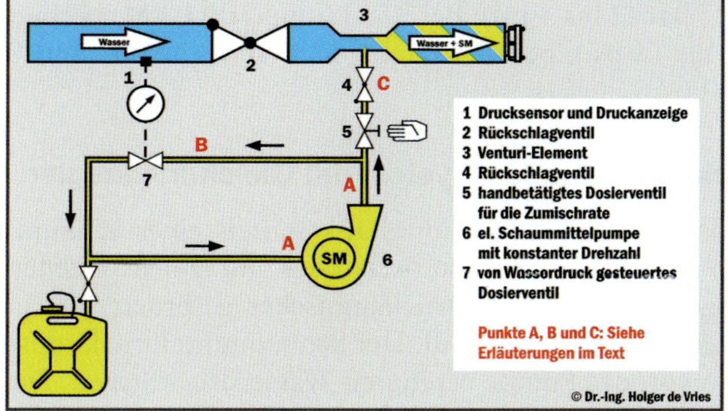

Abbildung 59: Schaummittelzumischer Pro/Portioner [111, verändert]

Verändert sich der Wasserförderdruck (und damit der Wasservolumenstrom), so wird das Dosierventil im Nebenstrom geschlossen und der Schaummittelvolumenstrom dort verringert, so dass mehr Schaummittel zugemischt wird. Auf die gleiche Weise wird die Schaummittelzumischung niedrigen Drücken bzw. Wasservolumenströmen angepasst. Von McKenzie sind während seiner Tätigkeit bei der National Wildfire Coordinating Group in Boise, Idaho/USA, Versuche über das Betriebsverhalten eines solchen Zumischers, der für die Wasserleistung von 50 GPM ausgelegt ist, gemacht worden [112]:

- Der Zumischer arbeitet auch bei sehr geringen Wasserflüssen proportional.
- Ein für 189 L/min (50 GPM) ausgelegter Zumischer arbeitet sehr gut in der oberen Hälfte dieses Bereichs (95 bis 189 L/min bzw. 25 bis 50 GPM) und gut in den oberen zwei Dritteln (60 bis 189 L/min bzw. 16 bis 50 GPM) dieses Bereichs.
- Das System kann bis zu 100 bis 150 % über seine Auslegung (hier: 378 bis 473 L/min bzw. 100 bis 125 GPM) gefahren werden. Es ist zu beachten, dass die Zumischung dann aber nicht mehr streng proportional

ist, da der Schaummittelstrom durch die konstante Förderleistung der Schaummittelpumpe begrenzt ist und der Saugeffekt des Venturi-Elements geringer ist als der der Wasserstrahlpumpe.

- In Betrieb bei 189 L/min (50 GPM) beträgt der Druckverlust im Venturi-Element 0,13 bis 0,27 bar (2 bis 4 psi). Bei 378 L/min (100 GPM) beträgt er 0,6 bis 1,1 bar (8 bis 16 psi), bei 472 L/min (125 GPM) beträgt er 1,0 bis 2,1 bar (15 bis 30 psi).

3.3.4.3 Differenzdruck-Druckzumischsystem mit Gleichdruckregler

Das Schaummittel wird aus dem Schaummitteltank mittels einer Schaummittelpumpe (entweder elektrisch, hydrostatisch oder mit einem eigenen Verbrennungsmotor angetrieben) in die Druckzumischer gefördert, die in den einzelnen Druckabgängen eingebaut sind. Der Schaummitteldruck muss ca. 1 bis 2 bar über dem von der Pumpe erzeugten Wasserdruck liegen. Die Regelung erfolgt automatisch durch einen Differenz-(Gleichdruck-)Regler an jedem Abgang. Die Druckzumischer selbst arbeiten nach dem Venturiprinzip. Die Zumischung bleibt unabhängig vom Wasserdruck konstant, wenn der Schaummitteldruck den Wasserdruck um ca. 1 bis 2 bar übersteigt. Wasser- und Schaumabgabe sind gleichzeitig und nebeneinander möglich. Nach dem Betrieb müssen die Schaummittelpumpe, die Schaummittelleitungen und die Zumischer mit Wasser über eine Spülleitung gereinigt werden. Druckzumischanlagen arbeiten unabhängig von der Art der Wasserversorgung (Löschwassertank, offenes Gewässer oder Zuführung mit Vordruck) und von der Art der Feuerlöschkreiselpumpe (Nieder-/Hochdruck). Die Vorteile liegen in der exakten Zumischung von Schaummittel auch bei sich ändernden Förderströmen und in der Möglichkeit, an verschiedenen Abgängen verschiedene Zumischraten einzustellen.

Nachfolgende Systeme sind am Markt eingeführt:

■ Zumischsystem „Rosenbauer Mixmatic"

- Einsatzbereich: 200 bis 6.000 L/min minimale Zumischrate von 2 % bei mind. 200 L/min Volumenstrom je Druckabgang. Unabhängige, gleichzeitige Abnahme von Wasser oder Schaum an jedem einzelnen Abgang.

- Löschmittel (Wasser oder Schaum) und Schaumzumischrate an jedem einzelnen Abgang individuell einstellbar im Bereich von 200 bis 6.000 L/min.
- Zumischrate von 2 % – 8 % direkt am Abgang wählbar.
- Zumischbereich: DZ 120: 200 bis 1.200 L/min; DZ 500: 400 bis 5.000 L/min
- Zumischgenauigkeit: +/– 10 %
- Zumischrate: von 2 % bis 8

■ Rosenbauer „ACR – Automatic Constant Rate"

Es handelt sich um ein automatisches, aber mechanisch gesteuertes Differenzdruck-Druckzumischsystem.

- Löschmittel (Wasser oder Schaum) und Schaumzumischrate an jedem einzelnen Abgang individuell einstellbar im Bereich von 200 bis 9.500 L/min.
- Schaummittelpumpe: Zahnradpumpe, angetrieben durch eigenen Dieselmotor. Die Leistung dieser Schaummittelpumpe liegt, je nach Ausführung, bei 420 L/min bzw. 700 L/min jeweils bei einem Druck von 18 bar.
- Zumischrate stufenlos von 2 % bis 7 % direkt am Abgang wählbar.
- Wasser- und Schaummittelfremdsaugen während des Betriebs möglich.
- Zumischbereich: ZM 1 ½": 75 bis 340 L/min; ZM 2" 225 bis 750 L/min; ZM 2 ½" 380 bis 1.200 L/min; ZM 3" 640 bis 2.400 L/min; ZM 4" 1.320 bis 4.500 L/min; ZM 6": 2.570 bis 9.500 L/min
- Zumischgenauigkeit: –0 % / +5 %
- Zumischrate: stufenlos von 1 % bis 7 %

■ Ziegler Schaummittelzumischeinrichtung „PROFOMAT"

Das PROFOMAT-System besteht aus einem oder mehreren Zumischern, der Dosiereinrichtung mit Einstellskala, einem Druckregler, einem Rückschlagventil zum Schaummitteltank und einer Schaummittelpumpe nach dem „Baukastenprinzip". Die technischen Daten sind ähnlich der „Mixmatic" und werden der Pumpenleistung entsprechend angepasst. Diese Systeme sind aufgrund ihrer Leistungsdaten nur für große Industrielöschfahrzeuge sinnvoll.

3.3.4.4 Elektronische Direkteinspeisungs-Zumischung (Direct injection proportioning)

Das Grundprinzip aller elektronischen Direkteinspeisungs-Zumischanlagen ist gleich: Der Wasservolumenstrom wird von einem Sensor abgegriffen und zu einer Mess-Regel-Einrichtung übermittelt, die daraus und aus der voreingestellten Zumischrate den entsprechenden Schaummittelstrom berechnet. Dieser wird dann von einer Schaummittelpumpe druckseitig von der Feuerlöschkreiselpumpe in den Löschwasserstrom gedrückt. Der Vorteil der mikroprozessorgesteuerten Systeme ist, dass sie völlig selbständig arbeiten, sobald sie einmal eingestellt sind (und keine Störungen auftreten). Eine ständige Überwachung durch den Maschinisten ist nicht erforderlich, da die Zumischrate automatisch unterschiedlichen Wasserfördermengen angepasst wird. Die größten Nachteile solcher Systeme ergeben sich aus der Verwendung elektrischer und elektronischer Systeme. Ist ein solches System einmal an der Einsatzstelle ausgefallen, so ist es in der Regel nicht möglich, es vor Ort wieder betriebsbereit zu machen. Diese Probleme sind auch z.B. von prozessorgesteuerten Drehleitern bekannt. Die häufigste Ursache für den Ausfall elektrischer Systeme in der Industrie ist das Versagen von Kabel- und Steckverbindungen. Des Weiteren kann der Prozessor ausfallen. Die feuchte Atmosphäre in einem Geräteraum und die Korrosion durch Schaummittel tun ihr Übriges dazu.

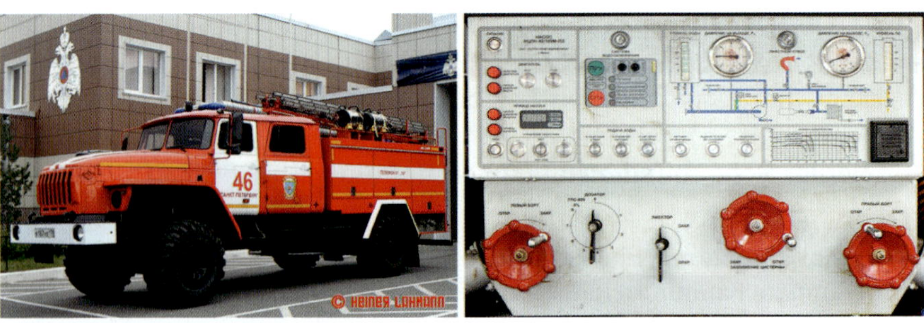

Abbildung 60: Das Bedienfeld einer DZA oder DLSA ist dann gut, wenn es auch in einer fremden Sprache und Schrift verständlich ist. – Es stellt sich allerdings die Frage, warum dem deutschen Maschinisten eine Pumpenkennlinie vorenthalten wird.

Abbildung 61: Zusätzlich zur DLSA führt dieses TLF der Feuerwehr Kreutzlingen Z-Zumischer mit.

Es wird dringend empfohlen, auch bei einer fest installierten Druckzumischanlage (DZA) nicht von der Normbeladung abzuweichen und mindestens einen Z-Zumischer als Rückfallebene bei Systemausfall mitzuführen.

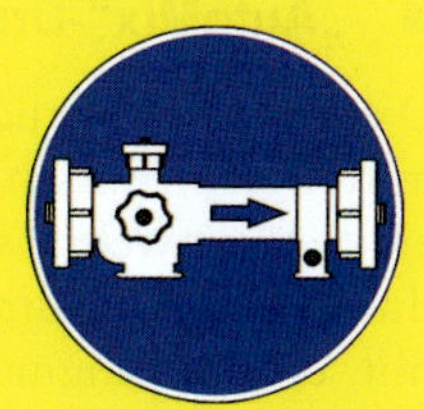

■ Rosenbauer „Class-A-Zumischsystem“

- ND-Zumischbereich bis 800 L/min, HD-Zumischbereich bis 400 L/min
- Volumenstrom der Schaummittelpumpe max. 18,9 L/min bei max. Förderdruck 10 bar
- Zumischbereich: 0,1 bis 1 %
- Leistungsaufnahme: 30 A

Abbildung 62: LF 20/12 der BF Bochum mit AFFF und Class-A-Foam, rechts das Bedien- und Anzeigefeld für die Zumischeinrichtung der Fa. Rosenbauer

■ „AutoMix"-Druckzumischanlagen der Fa. Schlingmann

Die AutoMix-Druckzumischanlagen der Fa. Schlingmann führen Schaummittel elektronisch geregelt über den gesamten Druck- und Förderbereich einer Feuerwehrlöschkreiselpumpe zu. Das Schaummittel wird druckseitig durch eine Schaummittelpumpe dem Wasser zugemischt, die antriebsseitig mit der Schlingmann Feuerlöschkreiselpumpe gekoppelt ist, zuschaltbar über eine Elektromagnetkupplung (kein eigener Elektromotor, dadurch keine Belastung des elektrischen Bordnetzes). Bei der Schaummittelpumpe handelt es sich um eine Zahnradpumpe mit einer Leistung von 30 L/min (30 DE) bzw. 72 L/min (72 DE). Dadurch ist z.B. eine einprozentige (30 DE) bzw. dreiprozentige (72 DE) druckseitige Schaummittelzumischung bis zu einem Wasservolumenstrom von 2.400 L/min bzw. 5.333 L/min (160 DE) möglich. Serienmäßig erfolgt die Schaumabgabe über einen B-Ausgang und einen evtl. vorhandener Werfer. Optional kann die Schaumabgabe auch über die Schnellangriffseinrichtung (falls vorhanden) erfolgen. Alle weiteren B-Ausgänge können zur gleichen Zeit mit Wasser betrieben werden.

Die Druckzumischanlage wird mit vier Druckschaltern gesteuert: Aktivierung der Anlage, Zumischrate +, Zumischrate – und Aktivierung des vollständig automatisch ablaufenden Spülvorganges. Die Anfangszumischrate ist im System hinterlegt und kann jederzeit geändert werden. Die AutoMix-

Anlagen verfügen über eine automatische Spülfunktion. Die Anlage ist geeignet für alle gängigen Class-A-Schaummittel, MBS und AFFF-Produkte aus Schaummitteltanks. Ein Nachfüllen des Tanks aus Kanistern kann während des Einsatzes über eine als Sonderausstattung lieferbare Schaummittelfüllpumpe erfolgen.

Tabelle 8: Leistungsdaten der AutoMix-Druckzumischanlagen nach Herstellerangaben

Typ	AutoMix 30 DE	AutoMix 72 DE	AutoMix 160 DE
Klassifizierung	DZA 16 / 0,1–1	DZA 24 / 0,3–3	
Schaummittelpumpe max. Volumenstrom	30 L/min	72 L/min	160 L/min
Zumischung	zwischen 0,1 % und 10 % stufenlos einstellbar		
Spülfunktion automatisch	300 L		NNN
Umgebungstemperatur	–15 bis +35 °C		

■ Ziegler „Foam System“

Die Fa. Ziegler biete zwei elektrische Zumischsysteme an, die weitgehend auf Komponenten der Fa. Hale basieren.

Tabelle 9: Zumischsysteme der Fa. Ziegler

Bezeichnung	max. Wasser-volumenstrom	max. Schaummittel-volumenstrom	max. Zumischrate	Klassifizierung
Foam System 1	1.200 L/min	9,5 L/min	1 %	DZA 4
Foam System 2	1.600 L/min	19 L/min	10 %	DZA 8, DZA 16

■ Zumischsystem „Hale FoamLogix“

Zumischeinrichtungen verhalten sich nicht linear. Am Beispiel der Hale FoamLogix soll das an deren technischen Daten gezeigt werden.

Tabelle 10: Technische Daten der HALE FOAM-LOGIX 2.1 Systeme

Betriebsspannung	12 Volt	24 Volt
Max. Förderleistung Schaummittelpumpe	8 L/min	
Max. Förderdruck Schaummittelpumpe	17 bar	
Max. Betriebstemperatur	71 °C	
Leistung Gleichstrommotor	0,3 kW	
Typische Leistungsaufnahme im Betrieb	20 Ampère	10 Ampère
Max. Leistungsaufnahme	40 Ampère	20 Ampère
Optimaler Messbereich 3" Mischstrecke	114 bis 2.800 L/min	
Optimaler Messbereich 1,5" Sensor	38 bis 1.250 L/min	
Optimaler Messbereich 2" Sensor	75 bis 2.100 L/min	
Optimaler Messbereich 2,5" Sensor	114 bis 3.000 L/min	
Optimaler Messbereich 3" Sensor	190 bis 4.700 L/min	
Optimaler Messbereich 4" Sensor	285 bis 6.000 L/min	

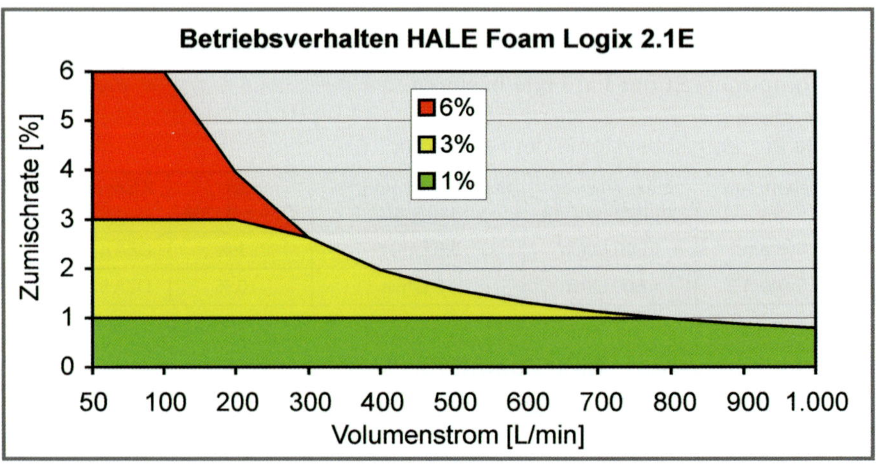

Abbildung 63: Betriebsverhalten der Zumischanlage Foam Logix 2.1E (Quelle: Fa. Hale)

Tabelle 11: Technische Daten der HALE FOAM-LOGIX Model 3.3 und 5.0 Systeme

Betriebsspannung	12 Volt	24 Volt
Max. Förderleistung Schaummittelpumpe 3.3	12,5 L/min	
Max. Förderleistung Schaummittelpumpe 5.0	19 L/min	
Max. Förderdruck Schaummittelpumpe 3.3	27 bar	
Max. Förderdruck Schaummittelpumpe 5.0	17 bar	
Max. Betriebstemperatur	71 °C	
Leistung Gleichstrommotor	0,5 kW	
Typische Leistungsaufnahme im Betrieb	30 Ampère	15 Ampère
Max. Leistungsaufnahme	60 Ampère	30 Ampère
Optimaler Messbereich der Mischstrecke(n)	wie HALE FOAM-LOGIX 2.1 Systeme	

■ Zumischsystem „Hale FoamMaster“

Bei diesem System wird das Schaummittel durch eine elektronisch geregelte Förderpumpe mit einer Zumischrate von max. 6 Prozent druckseitig der Feuerlöschkreiselpumpe direkt in den Löschwasserstrom eingespeist [113; 114; 115]. Das System ist in vier Größen jeweils in Versionen für 12 oder 24 Volt Betriebsspannung erhältlich.

Tabelle 12: Typen des „FoamMaster“-Zumischsystems

Typ	max. Förderstrom SM [L/min]	max. Förderstrom W-SM-G-0,5 % [L/min]	max. Betriebsdruck [bar]	Bemerkung
FoamMaster 1,0 V	3,78	750	27,5	nicht für zähflüssige ATC-SM
FoamMaster 2,5 V	9,45	1.890	27,5	nicht für zähflüssige ATC-SM
FoamMaster 3,3	12,5	2.500	28	
FoamMaster 5,0	19,0	3.800	17	

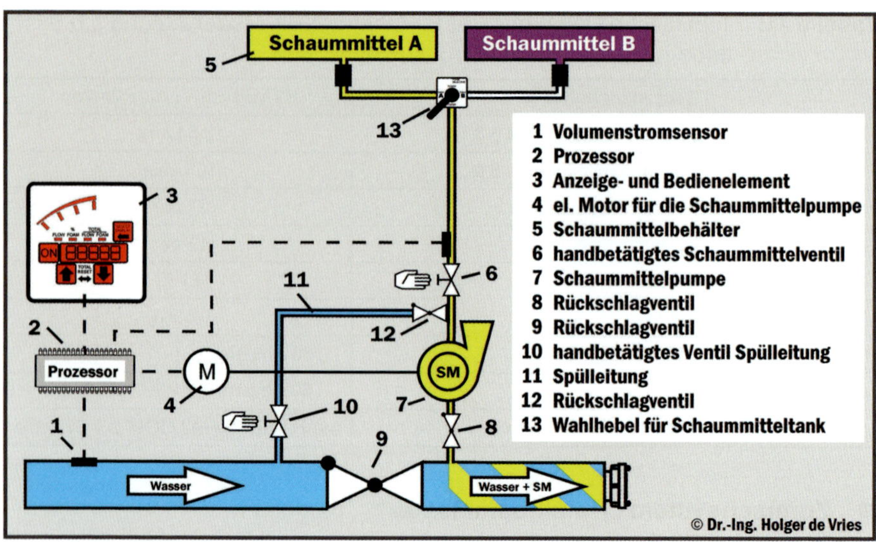

Abbildung 64: FoamMaster-Zumischsystem [116, verändert]

Die Hauptkomponenten des Systems sind je ein Volumenstromsensor an der Löschwasserleitung und an der Schaummittelleitung, eine elektrische Schaummittelpumpe, ein oder zwei Schaummittelbehälter, ein elektronisches Bedien- und Anzeigenfeld und ein Prozessor, der das Zusammenwirken aller Komponenten regelt. Der Volumenstromsensor greift den Volumenstrom des Wassers ab. Der Prozessor erhält ein Signal über den Wasserförderdruck und steuert eine elektrische Schaummittelpumpe, die dann das Schaummittel automatisch in der vorgewählten Zumischrate zumischt. Beim FoamMaster ändert sich die Drehzahl und somit die Förderleistung der Schaummittelpumpe (kein Überströmventil).

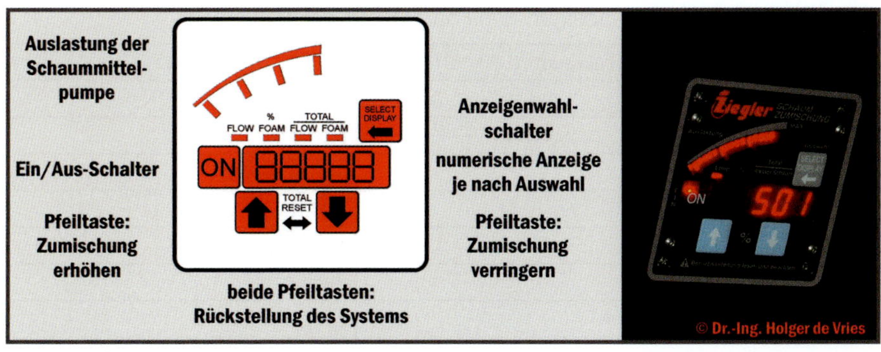

Abbildung 65: Bedien- und Anzeigefeld, rechts in der Lieferausführung der Fa. Ziegler

Zur Schaummittelzumischung wird zunächst die Feuerlöschkreiselpumpe des Fahrzeugs über den Nebenantrieb eingeschaltet. I.d.R. wird das System so eingebaut sein, dass die Zumischanlage dadurch gleichzeitig zwangseingeschaltet wird. Das System beginnt mit einem Selbsttest, während im Anzeige- und Bedienfeld der Schriftzug „Hale“ zu lesen ist. Die „ON”-Taste des Anzeige- und Bedienfeldes, die mit einer LED hinterlegt ist, leuchtet ebenfalls. Der Maschinist stellt am Schaumtankventil „Tank A“ oder „Tank B“ ein. Die Anzeige wechselt auf „PA N.N“ oder „PB N.N“, wobei N.N die voreingestellte Zumischrate in Prozent ist, der Zumischer ist betriebsbereit. Der Stellung des Schaumtankventils kann eine feste Zumischrate zugewiesen werden (z.B. Tank A: Class-A-Foam mit 0,3 %, Tank B: AFFF-AR mit 3 %), die jederzeit manuell geändert werden kann. Wird nun Wasser-Schaummittel-Gemisch abgegeben, wechselt die Anzeige auf Förderstrom in Litern/Minute und zeigt gleichzeitig die Auslastung der Schaummittelpumpe am Balken oben links. Die Änderung der Zumischrate erfolgt über die Pfeiltasten. Über die „SELECT DISPLAY“-Taste können die Betriebsdaten abgefragt werden. Die Gesamtmengenmessungen können durch „RESET“, also gleichzeitiges Drücken auf beide Pfeiltasten, zurückgestellt werden. Weitere Details der Bedienung, der Fehlersuche und der Instandhaltung sind den entsprechenden Handbüchern des Herstellers zu entnehmen.

Tabelle 13: Mögliche Anzeigen des FoamMaster-Systems

Betriebszustand	ON
Wasservolumenstrom [L/min]	FLOW
Zumischrate	FOAM %
Gesamtmenge Wasser	TOTAL WATER
Gesamtmenge Schaummittel	TOTAL FOAM
Schaummitteltank A gewählt	PA
Schaummitteltank B gewählt	PB
Schaummitteltank A fast leer	Lo A
Schaummitteltank B fast leer	Lo B
Schaummitteltank A leer	no A
Schaummitteltank B leer	no B
Seit 30 sec keine Schaummittelförderung	no Pri
Überhitzung der Schaummittelpumpe	Hot
Defekte Stromversorgung	LoBat

■ Zumischsystem „Hypro FoamPro“

Die elektronisch geregelten Zumischsysteme der Fa. Hypro arbeiten nach den gleichen Prinzipien wie bereits beschrieben.

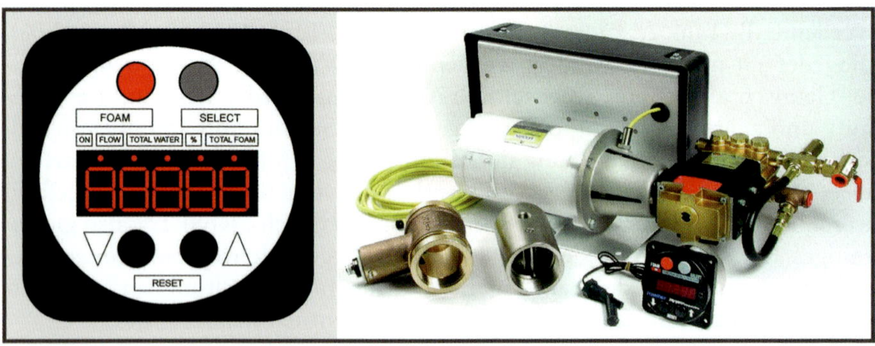

Abbildung 66: Komponenten eines FoamPro-Zumischsystems

Die Auswahl an Typen – jeweils in Ausführung für 12 V und 24 V Betriebsspannung – und möglichen Volumenströmen ist jedoch größer. Die Bedienung und Anzeige von Betriebsdaten der 2000er und 3000er Serien erfolgt auch hier über ein Multifunktionsdisplay.

Tabelle 14: Zumischsystem „Hypro FoamPro" [117]

	Maximaler Volumenstrom an Wasser-Schaummittel-Gemisch [L/min]				
Typ	**0,2 %**	**0,5 %**	**1,0 %**	**3,0 %**	**6,0 %**
1601	1.893	757	379	–	–
1600	3.218	340	170	–	–
2001	4.921	1.968	984	322	–
2002	9.464	3.785	1.893	628	–
3010	–	7.571	3.785	1.261	606
3020	–	15.140	7.571	2.521	1.261
3040	–	30.230	15.140	5.046	2.525
3060	–	45.420	22.700	7.571	3.785

Abbildung 67: TLF/DL-Kombination („Quint") des City of Mason Fire Department (Ohio) mit Hypro-Zumischanlage, rechts die Anzeige- und Bedienelemente am Pumpenstand

Tabelle 15: Zumischsystem „Hypro AccuMax“

Zumischrate	Typ 90	Typ 120	Typ 150	Typ 300
1 %	34.065 L/min	45.420 L/min	56.775 L/min	113.550 L/min
3 %	11.355 L/min	15.140 L/min	18.925 L/min	38.750 L/min
6 %	5.677 L/min	7.570 L/min	9.463 L/min	18.925 L/min

■ SaboFrance Varimix 60

Vertrieben wird dieses von der Firma SaboFrance/F entwickelte System in Deutschland von der Firma Barth/Fellbach. Drei Schaumpumpengrößen (12 und 30 L/min für 24 Volt und 30 und 60 L/min für 230 Volt) sind verfügbar. Die Anlagen sind als Monoblocksysteme einsetzbar und haben einen stufenlosen Regelbereich der Zumischrate von 0,1 bis 7 % bei Volumenströmen von 80 bis 3.000 L/min (je nach Anschlussflansch).

■ Brändle Foa-m-ix

Eine Ausnahme in dieser Kategorie ist die Anlage der Firma Brändle namens Foa-m-ix. Die zentrale Schaummittelpumpe kann über denselben Nebenantrieb angetrieben werden wie die Feuerlösch-Kreiselpumpe (damit lassen sich auch große Schaummittelvolumenströme von 130 bis 600 L/min fördern). Die Übersetzung erfolgt über einen Zahnriemen oder hydraulisch. Die Volumenströme der einzelnen Abgänge der Feuerlösch-Kreiselpumpe und der entsprechenden Abgänge der Schaumpumpe werden durch induktive Volumenstrommessgeräte erfasst und ständig durch eine eigene CPU überwacht und berechnet. Entsprechende Regelorgane an den Abgängen dosieren genau so viel Schaummittel in die Abgänge, wie der Bediener eingestellt hat. Dadurch entfallen die Gleichdruckregler. Ein generelles Spülen der gesamten Anlage entfällt ebenfalls. Die Einsatzverfügbarkeit ist wesentlich schneller und der Verlust an Schaummittel geringer. Sie gehört damit vom Prinzip zu den elektronischen Direkteinspeisungs-Zumischungen, von der Leistungsfähigkeit gehört sie aber eindeutig in die Kategorie der Industrielöschsysteme.

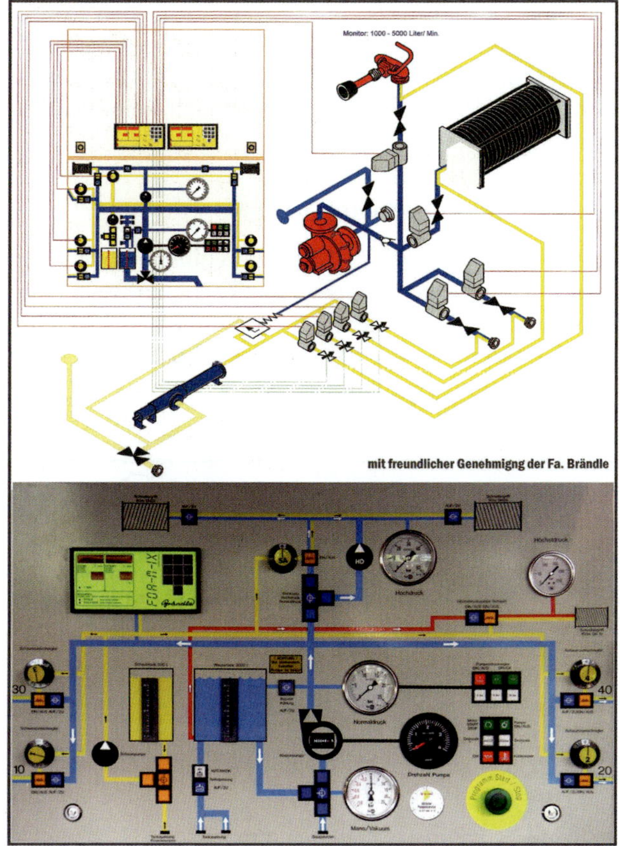

Abbildung 68: Schematische Darstellung und Zuordnung der Komponenten einer Brändle Foa-m-ix-Druckzumischanlage (Quelle: Brändle)

3.3.4.5 Zumischung mit Wassermotorantrieb (water motor proportioning)

Bei Zumischern mit Wassermotorantrieb wird die Energie des Löschwasserstroms zum Fördern des Schaummittels genutzt. Das Löschwasser wird dabei über eine Turbine geleitet, deren Laufrad auf einer gemeinsamen Welle mit dem Laufrad einer Förderpumpe für das Schaummittel sitzt. Alternativ dazu kann die Kraft auf eine Kolbenpumpe umgesetzt werden. Das Schaummittel gelangt dann durch eine Leitung und ein Dosierventil in den Löschwasserstrom. Am Markt sind zum Beispiel der „AWG Turbozumischer", „FireDos"-Zumischer und „Hydro-Flo"-Zumischer erhältlich [118]. Neu ist die Fa. „FireMix" aus Schweden, mit deren Produkten noch keine praktischen Erfahrungen vorliegen.

■ Wassermotorzumischer „AWG Turbozumischer"

Der Turbozumischer der Fa. AWG [119] ist für einen Volumenstrom von 400 L/min ausgelegt und mit B-Kupplungen versehen. Turbozumischer haben gegenüber Z-Zumischern zwei Vorteile: Der von ihnen verursachte Druckverlust von 15 bis 25 Prozent ist geringer, und sie können an jeder beliebigen Stelle in die Angriffsleitung eingekuppelt werden.

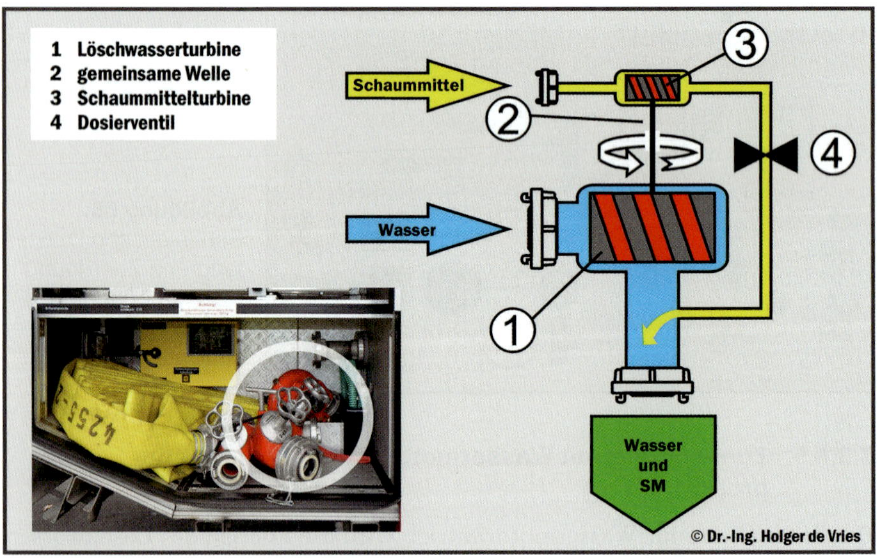

Abbildung 69: AWG Turbozumischer

Da Turbozumischer aber nur im Bereich von 1 bis 6 Prozent zumischen können, fallen sie für den Einsatz mit Class-A-Foam aus, es sei denn das Schaummittel wird vorverdünnt. Dies ist an einer Einsatzstelle aber kaum realisierbar. Bezüglich der Qualität des durch Vorverdünnung gewonnenen Schaummittels gelten die im Abschnitt „Tankvormischung" getroffenen Aussagen.

■ Wassermotorzumischer „FireDos"

Die FireDos-Zumischer der Fa. MSR Dosiertechnik [120] arbeiten nach dem Kolben- oder Rollenpumpenprinzip. Sie sind in verschiedenen Ausführungen mit Nennvolumenstrom von 2 bis 6.000 L/min erhältlich und – je nach Typ – für verschiedene Zumischraten von 0,15 bis 6 % ausgelegt. Für Anwendungen mit einer großen Volumenstromspannweite sind Kaskadenschaltungen verschieden großer Zumischer möglich. Aufgrund der großen Typenvielfalt und Flexibilität des Fertigungsprogramms kann hier keine vollständige Leistungsdatentabelle, sondern nur eine Leistungsdatenübersicht angegeben werden.

Tabelle 16: Leistungsdatenübersicht „FireDos""

Maximale Volumenströme	35 L/min, 130 L/min, 200 L/min, 400 L/min, 1.000 L/min, 2.500 L/min, 4.000 L/min, 6.000 L/min,
Dosiermengen	
mit fester Einstellung	0,3 %, 0,5 %, 1 %, 2 %, 3 %, 6 %
in Stufen einstellbar	0,15 + 3 %, 0,25 + 0,5 %, 0,5 + 1 %, 0,7 + 1,4 % + 2 %, 1 + 2 + 3 %, 2 + 4 + 6 %
stufenlos einstellbar	0,01 – 0,1 %, 0,1 – 1 %, 0,2 – 2 %, 0,3 – 3 %
Maximale Betriebsdrücke	Geräte von 35 – 400 L/min = 10 bar Geräte von 1.000 – 6.000 L/min = 16 bar
Maximaler Druckverlust	Je nach Geräteausführung zwischen ca. 1,5 bis 2,0 bar
Maximale Betriebstemperatur	ca. 50 °C
Materialen	Edelstahl, Messing, POM, PVDF, säurebeständiges Aluminium, Viton, Bronze für den Einsatz im Off-Shore-Bereich

* alle genannten Geräte und Anlagen sind auch mit zwei Dosierstellen lieferbar
weitere Dosiergeräte und Dosieranlagen auf Anfrage – technische Änderungen vorbehalten

Bei einigen der „Tremonia"-Versuche [121; 122 ;123] wurde ein Wassermotorzumischer „FireDos" der Fa. MSR Dosiertechnik, Wölfersheim, verwendet. Durch Festsetzen einer der beiden Kolbenpumpen des Modells FD 1000/1-PP wurde hier die Zumischrate absichtlich auf 0,5 % begrenzt. Der erforderliche Mindestvolumenstrom zum Zumischen von Class-A-Foam-Schaummittel beträgt dann 60 Liter/min, der maximale Volumenstrom 1.000 Liter/min.

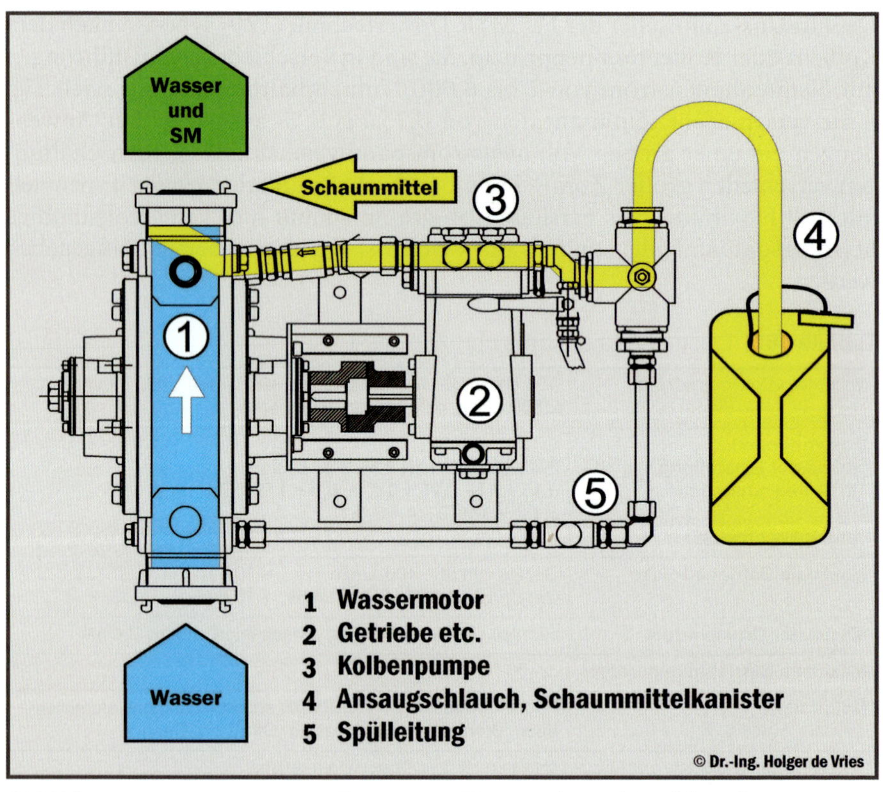

Abbildung 70: Wassermotor-Zumischer FD 1000 (Draufsicht) [124]

Dieser „Fire-Dos"-Zumischer wird mit B-Kupplungen in die Angriffsleitungen eingekuppelt, der Ansaugschlauch und der Schaummittelkanister in Stellung gebracht und angeschlossen. Die Zumischung des „Fire-Dos"-Zumischer setzt bei etwa 10 % der Nennleistung ein, beim FD 1000 also bei einem Volumenstrom von ca. 100 Liter/min.

Abbildung 71: Hilfeleistungslöschfahrzeug (HLF 20/20) der BF Leipzig mit Zumischer der Fa. MSR Dosiertechnik [125]

■ Kolbenpumpenzumischer „Robwen Hydro-Flo"

Die „Hydro-Flo"-Zumischer der Fa. Robwen, in Europa im Vertrieb der Fa. Groupe Leader, arbeiten nach dem Prinzip zweier gekoppelter Kolbenpumpen: Vom Löschwasserstrom wird ein Nebenzweig durch eine Kolbenpumpe geleitet, von der ein Pleuel auf eine zweite Kolbenpumpe wirkt, mit der das Schaummittel gefördert und über ein Venturi-Element dem Löschwasserstrom zugemischt wird. Diese Zumischer sind in zwei Größen erhältlich: „Hydro-Flo 100" und „Hydro-Flo 500". Beide können Schaummittel von 0,1 bis 1 Prozent zumischen und sind jeweils in tragbarer Ausführung oder für den festen Einbau in Fahrzeuge erhältlich. Der „Hydro-Flo 100" ist ausgelegt für Volumenströme von 18 bis 380 L/min und wiegt 15 kg. Der „Hydro-Flo 500" ist ausgelegt für Volumenströme von 100 bis 1.900 L/min und wiegt 44 kg. Zur Inbetriebnahme muss – in der tragbaren Version – der Zumischer lediglich in die Angriffsleitung eingekuppelt, der Schaummittel-Ansaugschlauch angekuppelt in den geöffneten Schaummittelbehälter gestellt, der Betriebsartschalter von „OFF/AUS" auf „ON/AN" gestellt und die gewünschte Zumischrate eingestellt werden. Der Zumischer mischt dann – innerhalb seines Betriebsbereiches – automatisch Schaummittel dem Löschwasserstrom zu, siehe auch [126].

3.3.4.6 Kombinierte Systeme – Rosenbauer „Deltamatic“

Dieses ND-Druckzumischsystem erfordert keinen zusätzlichen mechanischen oder ölhydraulischen Antrieb für die Schaummittelpumpe. Es arbeitet elektronisch und hydraulisch unterstützt mit einer Differenzkolben-Pumpe. Das Herzstück der Anlage ist die doppelt wirkende Differenzkolbenpumpe, die durch einen Teil des Löschwassers angetrieben wird [127].

- Zumischbereich: 100 bis 4.500 L/min
- Zumischmenge: 5 bis 200 Liter Schaummittel/min
- Zumischgenauigkeit: +/– 10 %
- Zumischraten: stufenlos wählbar von 1 % bis 10 %

4 Literaturhinweise und Quellen

Literaturhinweise und Quellen zum Vorwort

1 Ratzner, A. F.: History and development of foam as a fire extinguishing medium In: Industrial and Engineering Chemistry; Easton PA/USA; 1956; Vol. 48 Nr. 11; November; S. 2013 – 2016

2 Rivkind, L. E.; Myerson, I.: Foams for industrial fire protection In: Industrial and Engineering Chemistry; Easton PA/USA; 1956; Vol. 48 Nr. 11; November; S. 2017 – 2020

3 Tuve, R. L.; Peterson, H. B.: Characterization of foams for fire extinguishment In: Industrial and Engineering Chemistry; Easton PA/USA; 1956; Vol. 48 Nr. 11; November; S. 2024 – 2030

4 Pachtner, F.: Das chemische und das mechanische Schaumlöschverfahren, seine Grundlagen, seine Technik und Anwendung; Verlag Feuerschutz; Potsdam; 1933; S. 65 – 88

5 Brunswig, H.: Schaumrohr Vor! - Eine Dokumentation zur Geschichte des Löschmittels Schaum und des Total-Komet-Luftschaumverfahrens; Total – Foerstner & Co.; Ladenburg; 1973

6 Anonymus: Schaum bei Feststoffbränden In: UB - Unabhängige Brandschutzzeitschrift; Verlag Technik; Berlin; 1997; 12; Dezember; S. 20

7 Boer, K. L. de: Als de roode Haan kraait; Wereldbibliothek N. V.; Amsterdam 1941 (trotz des Titels tatsächlich ein Fachbuch!)

8 Friedrich, K.; Magnus, G.; Bonte, K.: 50 Jahre Total-Komet-Luftschaumverfahren In: vfdb-Zeitschrift; Kohlhammer; Stuttgart; 1983; Nr. 2; S. 50 – 54

9 Fa. E. Flader: Bedienungsanweisung für das Flader-Auspuff-Schaumgerät; Jöhstadt/Sachsen; ca. 1935 – 1940

Fa. E. Flader: Wartungs- und Bedienvorschrift zum fahrb. Schaumaggregat 15.000 ltr; Jöhstadt/Sachsen; ca. 1935 – 1941

Fa. E. Flader: Baubeschreibung des stat. Schaumaggregats ZWK 2 G; Jöhstadt/Sachsen; 1936

Fa. E. Flader: Beschreibung der Flader-Preßluft-Schaumkübelspritze SKP III; Jöhstadt/Sachsen; ca. 1935 – 1943

Fa. E. Flader: Bedienungsanweisung für die kombinierte Flader-Motorspritze Type ZW III/K für Wasser und Schaum Modell 1936; Jöhstadt/Sachsen; 1936

Fa. Klöckner-Humboldt-Deutz AG Werk Ulm: Bedienungsvorschrift für Magirus-Tankspritze mit Flader-Vorbaupumpe; Ulm; ca. 1935 – 1940

10 Fa. E. Flader: Bedienungsvorschrift für Flader-Druckluftschaumaggregat Type Lok; Jöhstadt/Sachsen; ca. 1935 – 1946

11 Korhammer, H.: Druckluft-Schaumaggregat für Lokomotiven und sonstige Druckluftanlagen In: Zeitung des Vereins Mitteleuropäischer Eisenbahnverwaltungen (Sonderdruck); 1935; Nr. 42

12 Brunswig, H.: Schaumrohr Vor! - Eine Dokumentation zur Geschichte des Löschmittels

Schaum und des Total-Komet-Luftschaumverfahrens; Total – Foerstner & Co.; Ladenburg; 1973; pp. 21 – 23

13 Gihl, Manfred: Die Geschichte des deutschen Feuerwehrfahrzeugbaus; Kohlhammer; Bd.1 S. 216 – 219

14 Stadtfeuerwehrverband Dresden e.V. (Hrsg.): Berufsfeuerwehr Dresden 1868 - 2018; Sutton Verlag; Erfurt; 2018; pp. 52 – 56

15 Ortloph, August: Die Dresdner Löschzüge, in: Zeitschrift des Reichsvereins deutscher Feuerwehringenieure „Feuerschutz“, 15. Jahrgang, Nr. 6, 1935; Nachdruck in: brandschutz 12/1990

Literaturhinweise und Quellen ab S. 7

1 de Vries, H.: Einsatz von Schaummitteln – Auswahl und Logistik, ecomed, Landsberg, 2017

2 de Vries, H.: Einsatzpraxis: Brandbekämpfung mit Wasser und Schaum – Technik und Taktik, ecomed, Landsberg, 2008.

3 Auf die Mitführung von AFFF auf den Löschgruppenfahrzeugen wird mittlerweile verzichtet.

4 Verordnung über die kommunalen Feuerwehren; Feuerwehrverordnung – FwVO – vom 30. April 2010; letzte berücksichtigte Änderung: §§ 4, 6 und 13, Anlagen 4, 5, 7 und 8 geändert durch Verordnung vom 17.05.2011 (Nds. GVBl. S. 125); abgerufen am 20.07.2019; http://www.nds-voris.de/jportal/?quelle=jlink&query=KomFeuerwV+ND&psml=bsvorisprod.psml&max=true&aiz=true

5 In einer Onlinequelle fand der Verfasser dazu folgende Kommentierung, die ihn an einige Besprechungen mit juristisch geprägten Mitarbeitern öffentlicher Verwaltungen erinnerte, wenn es um Fahrzeugbeschaffungen, Standortoptimierungen und ähnliche Aspekte der Brandschutzbedarfs- oder Gefahrenabwehrplanung ging: „Diese grundlegende pragmatische Erkenntnis widerspricht einer verbreiteten juristischen Sichtweise, die nur vollständige und perfekte Lösungen akzeptieren will und dabei oft übersieht, dass sie in der Praxis doch nicht erreicht werden können. Dann geschieht die Priorisierung „hinterrücks“, unsystematisch und unwirtschaftlich und u.U. mit gravierenderen Folgen, als bei einer bewussten Priorisierung.“; https://olev.de/0/80–20-r.htm vom 20.07.2019

6 de Vries, H.: Einsatz von Hohlstrahlrohren, ecomed, Landsberg, 2017

7 Strahlrohre für die Brandbekämpfung — Teil 1: Allgemeine Anforderungen; Deutsche Fassung EN 15182–1; Beuth; Berlin

8 Strahlrohre für die Brandbekämpfung — Teil 2: Hohlstrahlrohre PN 16, Deutsche Fassung EN 15182–2; Beuth; Berlin

9 Strahlrohre für die Brandbekämpfung — Teil 3: Strahlrohre mit Vollstrahl und/oder einem unveränderlichen Sprühstrahlwinkel PN 16; Deutsche Fassung EN 15182–3; Beuth; Berlin; – Hinweis des Verfassers: Dies ist die Ersatznorm DIN 14 365 Mehrzweckstrahlrohre PN 16

10 Strahlrohre für die Brandbekämpfung — Teil 4: Hochdruckstrahlrohre PN 40; Deutsche Fassung EN 15182–4; Beuth; Berlin

11 Braun, U.: Erfahrungsbericht über die Druckluftschaum-Brandbekämpfung; Berufsfeuerwehr Ingolstadt; 30.09.98, S. 26

12 Raab, W.: Alternative Löschschaum – Bericht über einen Großbrand in einer Privatklinik In: Schadenprisma; Feuersozietät Öffentliche Leben; Berlin; 1998; 2; S. 12 -19

13 Unfallkommission Tübingen: Bericht zum Einsatz „Tübingen – Reutlinger Straße 34/1"; 29.07.2006. Der Unfallbericht ist im Internet als PDF-Dokument verfügbar, z.B. auf www.atemschutzunfaelle.de

14 Landesbranddirektor Baden-Württemberg: Hinweise für den Einsatz von Druckluftschaum bei der Brandbekämpfung; 16.01.2006

15 „Firefighters' hoses are failing", 6. Dezember 2007; The Argus/Naomi Loomes

16 Der East Sussex Fire & Rescue Service verwendet Löschfahrzeuge auf Basis des Volvo FL6-H mit Aufbau der Fa. Dennis und One-Seven-Druckluftschaumanlagen der Fa. Gimaex-Schmitz. Telefonische Nachfragen des Verfassers in den Jahren 2007 und 2008 bei Einsatzpersonal ergaben Berichte über nur teilweise reproduzierbare Fehlfunktionen der One-Seven-Anlagen, Fehlinstallationen, Probleme mit der Mess-Regel-Technik, Probleme mit Keilriemen, Nichterreichen zugesagter Verschäumungszahlen („Wet" / Dry"), während die Leitung der Feuerwehr (East Sussex Fire Authority) per eMail jedwede Probleme dementiert. Auch dieses Phänomen ist des öfteren zu beobachten.

17 Brunacini, A.: Essentials of Fire Department Customer Service; Fire Protection Publications; Stillwater/OK; USA; 1996

18 Perkins, K. B.; Benoit, J.: The future of volunteer fire and rescue services: Taming the dragons of change; Fire Protection Publications; Stillwater/OK; USA; 1996

19 West Midlands Fire Service (Hrsg.): T. Q. M. Operating Manual; Birmingham/UK; 1993

20 Lier, Axel: Fahrzeug-Mangel – Bei der Berliner Feuerwehr muss man die Rettungswagen retten; BZ 19. Juni 2018; https://www.bz-berlin.de/berlin/bei-der-berliner-feuerwehr-muss-man-die-rettungswagen-retten

21 Lier, Axel: Frust sitzt tief, die Moral sinkt – So schlimm trifft der Fahrzeugmangel die Freiwilligen Feuerwehren; BZ 1. August 2018; https://www.bz-berlin.de/berlin/so-schlimm-trifft-der-fahrzeugmangel-die-freiwilligen-feuerwehren

22 Kriesl, Ilona: Rettungsdienst am Limit – Hilferuf eines Feuerwehrmanns: So spart Berlin seine Retter kaputt; Der Stern; 04. Mai 2018; https://www.stern.de/gesundheit/berliner-retter-schlagen-alarm--wir-fahren-mit-technik–die-unter-aller-kanone-ist–7970560.html

23 Nagar, Mira; Mehmel, Volker; Petersen, Heike: Berlin-Hohenschönhausen – : Kaputte Fahrzeuge: Wenn die Freiwillige Feuerwehr lahmgelegt ist; SHZ; 07. November 2017; https://www.shz.de/18261676

24 Feldmann, Marco: Berliner Feuerwehr muss auf die Folgen der wachsenden Stadt reagieren; Behördenspiegel; 12. November 2018; https://www.behoerden-spiegel.de/2018/11/12/berliner-feuerwehr-muss-auf-die-folgen-der-wachsenden-stadt-reagieren/

25 Landesfeuerwehrverband Berlin e.V.: Warum droht der Berliner Feuerwehr die Handlungsunfähigkeit? (nicht datiert); http://www.lvff-berlin.de/faktencheck/fakten-2018/

26 rbb24: Marode Löschfahrzeuge – Berliner Feuerwehr nur noch bedingt einsatzfähig; rbb; 06.02.19; https://www.rbb24.de/panorama/beitrag/2019/02/feuerwehr-berlin-fahrzeuge.html

27 Beutelsbacher, Stefan: Zu Grosse Fahrzeuge – Der nackte Wahnsinn um die deutsche Feu-

erwehr; Die Welt; 15.12.2013; https://www.welt.de/wirtschaft/article123280401/Der-nackte-Wahnsinn-um-die-deutsche-Feuerwehr.html

28 Feuerwehrdienstvorschrift FwDV 3 Einheiten im Lösch- und Hilfeleistungseinsatz; August 2008; Ziff. 5.5.5: Einsatz mit Schaumrohr

29 Cimolino, U.; de Vries, H.: Standardeinsatzregel (SER) – Die Staffel bzw. Gruppe im Einsatz von Löschgeräten, ecomed, Landsberg, 2005

30 de Vries, H.: Messungen des Druckverlaufs an mit Wasser oder Druckluftschaum gefüllten Schlauchleitungen während des Betriebs und deren Konsequenzen für die Brandbekämpfung / Pressure Measurements along Fire Hose Lines operated with Water or Compressed Air Foam and their Consequences for Fire-Fighting Operations; Norderstedt 2009, Libri Books on Demand

31 de Vries, H.: Messungen des Druckverlaufs an mit Wasser oder Druckluftschaum gefüllten Schlauchleitungen während des Betriebs; vfdb Zeitschrift; Ebner Verlag, Ulm; 1/2010; pp. 10 – 17

32 de Vries, H.: Pressure Profile, Fire Risk Management, The Fire Protection Association – The Institution of Fire Engineers, Moreton-in-Marsh/UK; 2010, Oktober, pp- 41 – 44

33 Ständige Konferenz der Innenminister und -Senatoren der Länder, Arbeitskreis V – Ausschuss für Feuerwehrangelegenheiten, Katastrophenschutz und zivile Verteidigung: Forschungsbericht Nr. 150 – Untersuchung der Haltbarkeit von Druckluftschaum führenden Feuerwehrschläuchen unter Wärmebeaufschlagung im Vergleich zu Wasser führenden; Dipl.-Ing. C. Axel Fohl, Dipl.-Ing. Jochen Schaaf; Forschungsstelle für Brandschutztechnik an der Universität Karlsruhe (TH); Karlsruhe September 2008

34 Demel, Jan Tino: Einsatzmöglichkeiten und -grenzen von in Löschfahrzeugen eingebauten Druckluftschaumanlagen bei Brandeinsätzen unter besonderer Berücksichtigung des Unfallschutzes (Hausarbeit); März 2006

35 Forschungsstelle für Brandschutztechnik an der Universität Karlsruhe (TH): Brand- und Löschversuch unter Einsatz des Druckluftschaum-Löschverfahrens (DLS); 12. September 2000

36 Föhl, Axel: Anwendung von Druckluftschaum-Systemen (CAFS) – Untersuchung von physikalischen Eigenschaften und Löscheffizienz: In: Tagungsband vfdb Fachtagung 2003; pp. 481 – 501.

37 Robert K. Prud'homme: Foams – Theory, Measurements, and Applications (Surfactant Science Series Vol. 57); Marcel Dekker Inc., New York ; Publisher: CRC; 1st Ed. (October 12, 1995); pp. 470 – 471

38 Braun, U.: Erfahrungsbericht über die Druckluftschaum-Brandbekämpfung – Tabelle: Auswertung der CAFS-Einsätze 09.1997–09.1998; Berufsfeuerwehr Ingolstadt; 30.09.98

39 Aubert, J. H.; Kraynik, A. M.; Rand, P. B.: Aqueous foams In: Scientific American; 1986; 5; Mai; S. 58–66

40 Johnson, B.: The chemical effects of additives on fire appliances and associated equipment. Home Office Fire Research and Development Group, London 1992

41 Gihl, M.: Handbuch der Feuerwehr-Fahrzeugtechnik. Kohlhammer Verlag, Stuttgart 1982. S. 170 ff.

42 Feuerwehrgerätefabrik Linz von 1908 Konrad Rosenbauer Katalog; Reprint; EFB Verlag 1984

43 Bedienungs-Anweisung für die Tankspritze Ts 2,5; o.A., nicht datiert
44 Jaunitz, Markus: Die Fahrzeuge der Luftschutzeinheiten der Luftwaffe; Waffen-Arsenal Sonderband S-64; Podzun-Pallas-Verlag; 2002.
45 Foedrowitz, Michael: Feuerwehrfahrzeuge im Einsatz 1939 – 1945; Dörfler Zeitgeschichte; nicht datiert.
46 Carrington, M.; Reiter, A.: Rosenbauer: Ein Unternehmen schreibt Feuerwehrgeschichte; Lentia-Verlag Linz/AT; 2011; pp. 98 ff.
47 https://bos-fahrzeuge.info/news/Die-Haubenfahrzeuge-der-Nachkriegszeit-Teil-4–75 am 28.05.2019
48 de Vries, H.: Zeit zum Umdenken [Pumpenkonfiguration], Feuerwehr-UB; Huss Medien; Berlin; 06; Juni; 2015; pp. 82 – 85
49 Zwischen 2002 und 2007 wurden insgesamt 216 Fahrzeuge dieser Baureihe auf einem Mercedes-Benz Atego 1325 F Straßenfahrgestell mit Aufbau von TVAC Plastisol bzw. Papworth Plastisol beschafft. Feuerlöschkreiselpumpe Godiva WTA 3010 / FPH 10–3000 (3.000 L/min bei 10 bar bzw. 200 L/min bei 40 bar Pumpenausgangsdruck, maximal 3.910 L/min), Löschwassertank 1.365 L, Schaummitteltank 120 L.
50 AWG Fire_Ex_Kartuschenhalter C-C.pdf vom 27.07.2019
51 de Vries, H.: Einsatz von D-Leitungen – Ausbildung und Praxis, ecomed, Landsberg, 2016; p. 82
52 Fa. Task Force Tips Inc./KK Products: Bedienungsanweisung PRO/Pak; vom Verfasser übersetzt für den Hersteller
53 Fa. W. Ruberg AB: Produktinformation Foam Injector 150; W. Ruberg AB, Immeln, S-28063 Sibbult, Schweden; 1999
54 DIN EN 15767–1: Tragbare Geräte zum Ausbringen von Löschmitteln, welche mit Feuerlöschpumpen gefördert werden – Tragbare Werfer -Teil 1: Tragbare Werfereinheiten -Allgemeine Anforderungen
55 DIN EN 15767–2: Tragbare Geräte zum Ausbringen von Löschmitteln, welche mit Feuerlöschpumpen gefördert werden – Tragbare Werfer -Teil 2: Wasserdüsen
56 DIN EN 15767–3: Tragbare Geräte zum Ausbringen von Löschmitteln, welche mit Feuerlöschpumpen gefördert werden – Tragbare Werfer -Teil 3: Schaumdüsen
57 de Vries, H.: Einsatz von Sonderrohren, ecomed, Landsberg, 2018
58 Brunswig, H.: Schaumrohr Vor! – Eine Dokumentation zur Geschichte des Löschmittels Schaum und des Total-Komet-Luftschaumverfahrens; Total – Foerstner & Co.; Ladenburg; 1973
59 DIN 14.384: Schaummittel-Zumischer, selbstansaugend; Beuth; Berlin; 1984 [zurückgezogen 2015]
60 Landesfeuerwehrverband Nordrhein-Westfalen e. V. (Hrsg.): Ausbildungsmappe zum Truppmann-1- Lehrgang; Ziffer 3.1.2.8 Auszug aus der Beladung von Löschfahrzeugen nach DIN 14.530; LFV NW e. V.; Münster
61 Auch bei Einbau einer Druckzumischanlage (DZA) oder Druckluftschaumanlage (DLSA) sollte aber in jedem Löschfahrzeug trotzdem ein Z-Zumischer (üblicherweise Z4) inklusive Ansaugschlauch mitgeführt werden und eine Vorrichtung vorhanden sein, mit der auch bei Ausfall der DZA Schaummittel aus einem fest eingebauten Schaummittelbehälter entnommen werden kann, da sonst ein technischer Ausfall der DZA/DLSA zu einem einsatztakti-

schen Totalausfall des Fahrzeugs führen kann, da gar kein Schaum erzeugt werden kann. In einigen Bundesländern können nach den Förderrichtlinien bei Einbau einer Druckzumischanlage einschließlich Schaummittelbehälter z.B. bei (H)LF 20/16, TLF 20/24-Tr und TLF 20/40 die tragbare Schaummittelkanister und Zumischer nebst Ansaugschlauch entfallen. Bei einer maximalen Masse für einen Zumischer nach DIN 14348 (bis 2015) von 5 kg bzw. nach DIN EN 16712–1 (seit 2015) von nur 3 kg bedeutet dies keinen echten Vorteil durch Ersparnis von Ausrüstung, sondern vielmehr einen unverzeihlichen Verzicht auf Redundanz und die Möglichkeit, auch abgesessen Schaum zu erzeugen.

62 Liebson, John: Implementation and Utilization of Class A Foam technology for the Structural Fire Service (Student Manual). The Alliance for Fire and Emergency Management (ISFSI), Ashland MA/USA (1. Auflage). S. 72

63 Feuerwehrakademie Hamburg: Brandschutz Lehrunterlage Schaumeinsatz mit HLF / HLZ; Version 1.0; nicht datiert.

64 Hamilton, Walter: Handbuch für den Feuerwehrmann / die Feuerwehr. Richard Boorberg Verlag, Stuttgart; gesichtete Auflagen: 1951 noch Komet-Zumischer mit am Gehäuse deutlich erkennbarem Umlaufkanal; 1956 (3.A) zeigt erstmals einen Z-Zumischer, 1962 (5.A) dto.; 1967 (7. A); 1977 (11.A); 1981 (13.A);1983 (14.A); 1995 (18.A); 2012 (21.A).

65 Andere Autoren wiederum legen Wert darauf, dass der Zumischer „außerhalb des Trümmerschattens“ betrieben wird – ja was denn nun?

66 Heimberg/Fuchs: Ausbildungsanleitung für den Feuerwehrdienst; Mittler E.S. + Sohn GmbH; 9.A.; 1971

67 Feuerwehrdienstvorschrift FwDV 3 Einheiten im Lösch- und Hilfeleistungseinsatz; August 2008; Ziff. 5.5.5: Einsatz mit Schaumrohr

68 https://bos-fahrzeuge.info/einsatzfahrzeuge/82075/Florian_Ingolstadt_0123–02_aD

69 de Vries, Holger; Struve, Jan: Messungen an Z4-Zumischern (Arbeitstitel, Veröffentlichung in Vorbereitung; 2019)

70 Danielsson, Lennart: Tryckförluster i kopplingar för brandslang 38/42 mm; Rapport Räddningstjänstavdelningen R53–125/95; Räddningsverket 1995; Schweden

71 Rosander, Mats und Giselsson, Christer: The book of foam; Räddningsverket Karlstad/ Schweden 1994

72 http://www.feuerwehr-krems.at/ShowArtikel.asp?Artikel=4943; Zugriff 19.03.2018

73 Woodworth, Steven P.; Frank, John A.: Fighting Fires with Foam; van Nostrand Reinhold NY/NY 1994, p. 139, table 6–1

74 Diekmann, Norbert: Einsatzgrenzen der Schaumzumischung – Strahlpumpenzumischer [PDF]; https://www.micro-foam-unit.com/app/download/5791403943/Einsatzgrenzen.pdf vom 10.03.2018

75 Der Gegendruck kann mit der Dichte ρ des Wassers und der Erdbeschleunigung g berechnet werden: $p_{geod} = \rho \times g \times h$; $p_{geod} = 1.000\ kg / m^3 \times 9{,}81\ m / s^2 \times 30\ m = 294.300\ Pa$ » 3 bar

76 Freiwillige Feuerwehr Landkreis Stade: Truppmannausbildung I – Praktische Ausbildung – Informationen für die Ausbilder; Thema 10: Vornahme von 1 Schaum- und 1 C-Rohr – Vornahme Schaum-Rohr – „Hinweis: Bei Einsatz eines Zumischers mit C-Anschlüssen (Z2) ist die Verwendung eines kurzen C-Schlauches (nicht genormt) sinnvoll als funktionelle Einheit mit dem Zumischer. Alternativ ist ein normaler C-Schlauch zu verwenden. Bei

Einsatz eines Zumischers mit B-Anschlüssen (Z4) ist die Verwendung eines 5m-B-Schlauchs sinnvoll. Sollte dieser nicht auf dem Fahrzeug vorhanden sein, muss ein normaler B-Schlauch verwendet werden." Stand Dezember 2013 Seite: 19

77 Kemper, Hans: Gerätekunde Löschgerät: Kleinlöschgeräte – Feuerlöscher – Schaumlöscher – Druckluftschaumanlagen (Fachwissen Feuerwehr); ecomed; Landsberg; 3.A.; 2010; Kap. 6.5.1/Abb. 67

78 Anordnungen für den Bau von Feuerwehrfahrzeugen; Heft 2; Großes Löschgruppenfahrzeug – GLG; Berlin 1941; Verlag E. S. Mittler & Sohn

79 Anordnungen für den Bau von Feuerwehrfahrzeugen; Heft 5; Schweres Löschgruppenfahrzeug – SLG; Berlin 1940; Verlag E. S. Mittler & Sohn

80 In der Praxis der innerstädtischen Brandbekämpfung zeigt sich oft, dass die 15 bzw. 20 m lange B-Leitung des Schnellangriffverteilers zu lang, der 5 m lange Füllschlauch zu kurz ist.

81 Dessen Verwendung 30 Jahre nach der Wiedervereinigung und fast 10 Jahre nach seiner Übernahme in die DIN 14345:2012–05 (Normergänzung auf Grundlage der TGL 121–345:1982–07) immer noch keine Aufnahme weder in die FwDV 1 noch in die FwDV 3 gefunden hat!

82 de Vries, Holger (Hrsg.): Taktische Einheit zur Brandbekämpfung – ein Diskussionsvorschlag, FFZ Feuerwehr Fachzeitschrift, 2003, Nr. 12, Dezember, pp. 741 – 746; siehe auch www.einsatzpraxis.org

83 Ministerium des Innern [der DDR] – Hauptabteilung Feuerwehr (Hrsg.): Schulungsmaterial Die Taktische Einheit zur Brandbekämpfung, Schulungsmaterial für die Aus- und Weiterbildung der Angehörigen der Feuerwehren; Berlin (Ost) 1981; (Verfasser: Ladewig, P.; Weß, G.; Naumann, H.; Datow, E.; Füssel, J.)

84 Götteritz, Heinz-Dieter et. al.: Grundübungen der Feuerwehr Übungsvorschrift; Staatsverlag der DDR; Berlin; 1987

85 de Vries, H.: 'Verteiler-Stützkrümmer-B-Rohr'-Wasserwerfer ist nicht mehr!; Feuerwehr Retten Löschen Bergen; Forum Verlag; Merching; 6. Juni 2019; pp. 34 – 35

86 Die Ansaugung des Schaummittels erfolgt über einen ½-Zoll-Schlauch mit Filter aus einem offenen Schaummittelbehälter. Am Saugende des Schlauchs ist ein Filter montiert, der Verunreinigungen aus dem Schaummittelkonzentrat zurückhält. Der Durchmesser des Schlauches darf dabei nicht wesentlich größer sein, um eine Verminderung der Ansaugleistung durch im Schlauch enthaltene Luft zu vermeiden.

87 Nein, den hat der Verfasser nicht selbst umgebaut.

88 Hagebölling, D.: Schnellangriffseinrichtung Schwerschaum In: Brandschutz; Kohlhammer; Stuttgart; 1985; 11; Nov.; S. 434–437

89 Zeilmayr, A.: Schnellangriffseinrichtung Schaum In: Brandschutz; Kohlhammer; Stuttgart; 1986; 5; Mai; S. 182–184

90 http://www.feuerwehr-pfarrkirchen.de/jcms/oldtimer-fahrzeuge/tlf-15/oldtimer/tlf-15.html vom 25.05.2019

91 https://bos-fahrzeuge.info/einsatzfahrzeuge/2968/Florian_Daimler_Untertuerkheim_aD vom 25.05.2019

92 Datenblatt FT_LEADERMIX_ZCL05.266.DE.5.pdf; 11.07.2019

93 Fa. Angus Fire: Produktinformation AccuFoam. Angus Fire, Angier NC/USA

94 Liebson, John: Implementation and Utilization of Class A Foam technology for the Struc-

tural Fire Service (Student Manual). The Alliance for Fire and Emergency Management (ISFSI), Ashland MA/USA (1. Auflage). S. 82
95 eMail von Angus Fire UK vom 21. August 2018
96 http://nationalfoam.com/equipment/servo-command/
97 Karn, Rainer: Die automatische Pumpendruckregelung. In: brandschutz. (1992), 11, November. Kohlhammer Verlag, Stuttgart, S. 740 – 751
98 Klöckner Moeller (Hrsg.): Schaltungsbuch. Klöckner Moeller Bonn (Stand 1994). S. 11/50 – 11/52
99 DIN 14430:2008–12 – Druckzumischanlagen und Druckluftschaumanlagen (zurückgezogen)
100 Rivkind, L. E.; Myerson, I.: Foams for industrial fire protection. In: Industrial and Engineering Chemistry, Easton PA/USA (1956) Vol. 48 Nr. 11, November, S. 2017 – 2020
101 Hamilton, Walter: Handbuch für den Feuerwehrmann. Richard Boorberg Verlag, Stuttgart 1967 (7. Auflage). S. 251
102 Heimberg und Fuchs: Ausbildungsanleitung für den Feuerwehrdienst. Verlag E. S. Mittler & Sohn GmbH, Frankfurt/Main 1972 (9. Aufl.) S. 258 – 260
103 http://www.k2-techsolutions.com.au/leader-robwen.html vom 14.06.2019
104 de Vries, H. Noje-Knollmann, S.: Praktische Untersuchungen zu Class-A-Foam; Universität Wuppertal FB 14 FG Brand- und Explosionsschutz Prof. Pohl (nicht veröffentlicht); Wuppertal; 1994
105 persönliche Mitteilung von: John Grindley, Fa. Robwen, Los Angeles CA/USA im Mai 1995
106 Liebson, John: Implementation and Utilization of Class A Foam technology for the Structural Fire Service (Student Manual). The Alliance for Fire and Emergency Management (ISFSI), Ashland MA/USA (1. Auflage). S. 92
107 Kellerhoff, Sven Felix: Der riesige deutsche „Königstiger“ war ein Irrweg; Die Welt; 07.07.2014; https://www.welt.de/geschichte/zweiter-weltkrieg /article129869643/Der-riesige-deutsche-Koenigstiger-war-ein-Irrweg.html vom 02.08.2019
108 United States Department of Agriculture; Forest Service; National Technology & Development Center: Foam Proportioner Performance Evaluation; 5100—Fire Management; 1151 1807—SDTDC; August 2011; https://www.fs.fed.us/t-d/pubs/pdf/11511807.pdf
109 McKenzie, Dan: Venturi foam proportioning system. In: Foam Applications for Wildland & Urban Fire Management. National Wildfire Coordinating Group, Boise, ID/USA (1990) Vol. 3, No. 1. S. 4 – 7
110 Fa. KK Products: Produktinformation: The Pro/Proportioner. KK Products Valparaisio IN/USA. Datenblatt LKG-010
111 Liebson, John: Implementation and Utilization of Class A Foam technology for the Structural Fire Service (Student Manual). The Alliance for Fire and Emergency Management (ISFSI), Ashland MA/USA (1. Auflage). S. 87
112 McKenzie, Dan: Venturi foam proportioning system. In: Foam Applications for Wildland & Urban Fire Management. National Wildfire Coordinating Group Boise ID/USA (1990) Vol. 3, No. 1. S. 6
113 Fa. Hale: Betriebsanleitung FoamMaster Schaumzumischsystem; Hale Products Europe, D-68704 Dieburg; 1999.
114 Fa. Hale: Beschreibung FoamMaster 1,0V und 2,4V; Hale Products Europe, D-68704 Dieburg; 1999.

115 Fa. Hale: Beschreibung FoamMaster 3,3 und 5,0; Hale Products Europe, D-68704 Dieburg; 1999.

116 Liebson, John: Implementation and Utilization of Class A Foam technology for the Structural Fire Service (Student Manual). The Alliance for Fire and Emergency Management (ISFSI), Ashland MA/USA (1. Auflage). S. 93

117 Fa. Hypro Corporation: Foam made easy – Form 862, Hypro Corporation, New Brighton MN/USA, 1/99

118 Einige Feuerwehren haben noch Exemplare des „essmixers“ im Einsatz. Dabei handelt es sich um einen mit einem Wassermotor betriebenen Zumischer für größere Zumischmengen. Da es nach den Erfahrungen der Feuerwehr Düsseldorf so gut wie keine Ersatzteile mehr gibt, ist mit einem „Aussterben“ in wenigen Jahren zu rechnen.

119 Fa. Widenmann: Katalog 314. Max Widenmann Armaturenfabrik. Giengen/Brenz

120 Fa. MSR Dosiertechnik: Produktinformation FireDos. MSR Dosiertechnik, Wölfersheim

121 de Vries, H.: Untersuchungen zur Optimierung der Bekämpfung von Feststoffbränden mit Wasser und Schaum im mobilen Einsatz der Feuerwehren, Libri Books on Demand Norderstedt; Zugl.: Wuppertal, Univ., Diss., 2000

122 de Vries, H.; Hölemann, H.: Class-A-Foam und Compressed-Air-Foam – Ergebnisse systematischer Brand- und Löschversuche, brandschutz, Kohlhammer Verlag, Stuttgart; 2001; 7; Juli; pp. 642 – 653

123 de Vries, H.: Foam follows function: The Tremonia and Wattenscheid trials, Fire Chief Magazine, 1999, Nr. 8, August pp. 110 – 118

124 Fa. MSR Dosiertechnik GmbH: Zusammenbauzeichnung des Zumischers FireDos 1000/1(0,5)-PP-S, Zeichungsdatei FD-1000-PP_masse.DXF vom 17.02.1999, verändert durch den Verfasser

125 https://bos-fahrzeuge.info/einsatzfahrzeuge/31549/Florian_Leipzig_1244–01/photo/31549 vom 15.06.2019

126 http://feuerwehr-flintsbach.de/13733.html vom 15.06.2019

127 Fa Rosenbauer: Produktinformation Deltamatic, Fa. Rosenbauer International AG, A-4060 Leonding

128 https://www.magirusgroup.com/de/de/serving-heroes/auslieferungen/detail/delivery/mlf-fuer-leonberg-07-2019/ vom 12.09.2019

129 https://www.stuttgarter-zeitung.de/inhalt.feuerwehr-leonberg-wenn-es-in-engen-gassen-brenzlig-wird.8a50ef90-feed-426e-be0f-bdd268b734fe.html vom 12.09.2019

130 Fa. FireDos GmbH: DATENBLATT-FireDos_FD1600-Fahrzeug.pdf vom 12.09.2019